未来哲学
（第二辑）

孙周兴 主编

未来哲学丛书

孙周兴 主编

商务印书馆
The Commercial Press

未来哲学丛书

主编：孙周兴

学术支持
浙江大学未来哲学研究中心
同济大学技术与未来研究院

未 来 哲 学 丛 书

主编简介

孙周兴，1963年生，会稽人。哲学博士，德国洪堡基金学者；现任浙江大学敦和讲席教授、同济大学、中国美术学院等校兼职教授、教育部长江学者特聘教授、国务院学位委员会哲学学科评议组成员等。主要从事德国哲学、艺术哲学和技术哲学研究。著有《语言存在论》《后哲学的哲学问题》《以创造抵御平庸》《未来哲学序曲》《一只革命的手》《人类世的哲学》等；主编《海德格尔文集》（30卷）、《尼采著作全集》（14卷）、《未来艺术丛书》、《未来哲学丛书》等；编译有《海德格尔选集》《林中路》《路标》《尼采》《哲学论稿》《悲剧的诞生》《快乐的科学》《查拉图斯特拉如是说》《权力意志》等。

总　序

尼采晚年不断构想一种"未来哲学",写了不少多半语焉不详的笔记,并且把他1886年出版的《善恶的彼岸》的副标题立为"一种未来哲学的序曲"。我认为尼采是当真的——哲学必须是未来的。曾经做过古典语文学教授的尼采,此时早已不再古典,而成了一个面向未来、以权力意志和永恒轮回为"思眼"的实存哲人。

未来哲学之思有一个批判性的前提,即对传统哲学和传统宗教的解构,尼采以及后来的海德格尔都愿意把这种解构标识为"柏拉图主义批判",在哲学上是对"理性世界"和"理论人"的质疑,在宗教上是对"神性世界"和"宗教人"的否定。一个后哲学和后宗教的人是谁呢?尼采说是忠实于大地的"超人"——不是"天人",实为"地人"。海德格尔曾经提出过一种解释,谓"超人"是理解了权力意志和永恒轮回的人,他的意思无非是说,尼采的"超人"是一个否弃超越性理想、直面当下感性世界、通过创造性的瞬间来追求和完成生命力量之增长的个体,因而是一个实存哲学意义上的人之规定。未来哲学应具有一个实存哲学的出发点,这个出发点是以尼采和海德格尔为代表的欧洲现代人文哲学为今天的和未来的思想准备好了的。

未来哲学还具有一个非种族中心主义的前提,这就是说,未来哲学是世界性的。由尼采们发起的主流哲学传统批判已经宣告了欧洲中心主义的破产,扩大而言,则是种族中心主义的破产。在黑格尔式欧洲中心主义的眼光里,是没有异类的非欧民族文化的地位的,也不可能真正构成多元文化的切实沟通和交往。然而在尼采之后,形势大变。尤其是20世纪初兴起的现象学哲学运动，开启了一道基于境域—世界论的意义构成的思想视野，这就为未来哲学赢得了一个可能性基础和指引性方向。我们认为，未来哲学的世界性并不是空泛无度的全球意识，而是指向人类未来的既具身又超越的境域论。

未来哲学当然具有历史性维度，甚至需要像海德格尔主张的那样实行"返回步伐"，但它绝不是古风主义的，更不是顽强守旧的怀乡病和复辟狂，而是由未来筹划与可能性期望牵引和发动起来的当下当代之思。直而言之，"古今之争"绝不能成为未来哲学的纠缠和羁绊。在19世纪后半叶以来渐成主流的现代实存哲学路线中，我们看到传统的线性时间意识以及与此相关的科学进步意识已经被消解掉了，尼采的"瞬间"轮回观和海德格尔的"将来"时间性分析都向我们昭示一种循环复现的实存时间。这也就为未来哲学给出了一个基本的时间性定位：未来才是哲思的准星。

未来哲学既以将来—可能性为指向，也就必然同时是未来艺术，或者说，哲学必然要与艺术联姻，结成一种遥相呼应、意气相投的关系。在此意义上，未来哲学必定是创造性的或艺术性的，就如同未来艺术必定具有哲学性一样。

我们在几年前已经开始编辑"未来艺术丛书"，意犹未尽，现在决定启动"未来哲学丛书"，以为可以与前者构成一种相互支持。本丛书被命名为"未来哲学"，自然要以开放性为原则，绝不自限于某派、某门、某主义，也并非简单的"未来主义"，甚至也不是要把"未来"设为丛书唯一课题，而只是要倡导和发扬一种基本的未来关怀——因为，容我再说一遍：未来才是哲思的准星。

孙周兴
2017年3月12日记于沪上同济

目录

前言　生命的颓势或已难以扭转　1
　/ 孙周兴

主题报告：生命科学与生命哲学　5

从一种存在论立场审视生物学与生命书写　7
　/ ［美］格雷汉姆·哈曼　汪　洋　译

尼采与人类消纳形式之未来
　——电信时代的生命和生命体　37
　/ ［法］芭芭拉·斯蒂格勒
　　喻在洋　译　余明锋　校

关于生命的技术哲学思考　45
　/ 吴冠军

人类世，我们需要一种新的生命哲学　61
　/ 孙周兴

专题论文：未来戏剧　　87

未来戏剧
　　——舞台的狄奥尼索斯之根与人类世的视野　　89
　　／［德］弗朗克·M. 拉达茨　余明锋 译

未来的戏剧体诗
　　——剧场美学之假想　　123
　　／［德］弗朗克·M. 拉达茨　贾涵斐 译

学术座谈　　149

何为哲学的转向？
　　——《人类世的哲学》出版座谈会纪要　　151

编后记　　231

前言　生命的颓势或已难以扭转

孙周兴

立下这个标题，我想到尼采晚期不断思索的一个概念：颓败或颓废（decadence）。尼采当年尚不可能全面了解自然人类的颓败状态，但他却反复使用了这个概念。这是尼采的先见之明。而现在，我们是真的已经颓败不堪了。

所谓"颓败"不光指涉精神，也关乎肉身。尼采以"虚无主义"命题宣告自然人类精神表达体系的崩溃，即精神的颓败。尼采所言"上帝死了"可以有多样的解释，但其核心含义在于以哲学和宗教为主体成分的传统形而上学的衰败。对于自然人类来说，具有制度构造作用的哲学和具有心性支撑作用的宗教何其重要，以至于可以说，缺失了这二者，则制度无度而德性无根。此为精神颓败。

至于肉身的颓败，即技术工业造成的自然人类身体方面的萎靡败落，在尼采那个时代还是不易观察到的。当时的大机器生产还没有明显地改造人类生活环境以及人类身体本身，1879年才被发明的电灯，恐怕是清醒时期（1889年1月之前）的尼采还没有用过的（此点未经考证）。尼采的天才在于，他已经预见到方兴未艾的技术工业将把人类带向何方，自然人类终于难逃在技术时代被计算和被规划的命数，而其后果除了精神颓败，还有肉身颓败。

自然人类的心身双重颓败主要是在20世纪的历史进程中发生的，而且主要是通过几门基础科学来实现的。盖有：

1.化学工业。两个多世纪以来的现代化学工业（无机化学工业和有机化学工业）生产了铺天盖地的化学制品，最终造成了人类体液环境的深度恶化，导致了人类生存环境和生活方式的全面改变。

2.物理工业。物理工业在力、热、声、光、电各个方面都改造了人类生活，为人类带来巨大的福祉，同时也携带巨大的风险。尤其是20世纪中期以后的核武器和核电工业，以其绝对的暴力和巨大的能量给人类带来了灭顶之灾。

3.数学工业。"数学工业"是我斗胆给出的一个命名，似乎还没有人这么用过，但眼下热门的人工智能和大数据根本上不就是"数学工业"吗？"普遍数学"本来就是近代科学的理想，计算机的发明真正开启了数学工业，而如今人工智能技术已经为自然人类带来颠覆性的智力羞辱。可以预期，数学工业将造成一种新的存在方式即"数字存在"。

4.生物学工业。方兴未艾的生物技术（特别是基因工程）直接对人类肉身下手了，开始了对人类身体质性的改造，而且带着克服疾病和衰老、使肉身永存永生的美好口号。

四门基础科学（数—理—化—生）的技术化—工业化既为自然人类带来文明和福祉，又致使自然人类丧失自然性和自然力。在今天，无论技术进步主义和技术乐观主义如何高调，都难掩自然人类的颓败征象。

技术—工业—资本早已构成一个支配性的庞大体系。如今以人工智能和基因工程为主体的新技术呈现加速赶顶之势——但无人知道"顶"在哪里，"赶顶"之后落向哪里。技术专家们依然信心满满,而人文学者们多半忧心忡忡,科技与人文之疏离和隔阂不断加强,前所未有。对未来的技术效应和未来的文明走向,却是众说纷纭,或者不知所云。

或问:颓败生命的尊严何在?颓败生命何去何从,归宿何方?这大概是未来生命哲学的第一问题,而且无疑地是一个"性命攸关"的问题。

主题报告：

生命科学与生命哲学

从一种存在论立场审视生物学与生命书写

[美] 格雷汉姆·哈曼

汪　洋　译

当学生们开始学习古希腊语时,他们通常很早就会在词汇表中遇到"bios"("生命"或"生活")这个词。他们往往会被提醒说,希腊语中的"bios"并不意味着生命科学所研究的那种生命,而更像是一种"生活方式"。换句话说,希腊语中的"bios"更相似于英语中的"biography",即对某人的生活故事的讲述,而非生物学、实验科学。"生物学"这个词似乎最早出现在1736年的一部拉丁语著作中,作者是著名的瑞典科学家、现代分类学(taxonomy)的创始人卡洛勒斯·林奈(Carolus Linnaeus)。这本身就是一个有趣的巧合,因为我很快就会对"分类学"这个术语的另一种略微不同的含义提出一些严厉的批评。但无论如何,我们所知道的生物学本应该被称为"zoology"(动物学),因为古希腊人就是这样称呼生命的,它更接近今天的生物学家所研究的生命。但是,现在提出这个建议当然已经太迟了,因为"动物学"这个名称已经被用来指研究动物的科学,动物即既对立于无生命的现实,也对立于植物和真菌的东西。

因此,我们有了两个词语,即"生命书写"(biography)和"生物学"(biology),二者都利用了古希腊词语"bios"。我已经说过,"生命书写"更准确地使用了希腊语,但是没有理由对这两个词进行迂腐的研究，因为这两个词已经有了明确的含义。如今，我的看法有所不同。我的论点是，生命书写和生物学分别属于查尔斯·珀西·斯诺（C. P. Snow）所谓的"两种文化"的对立双方，一方是精确科学，另一方是人文科学。①相比于精确科学的严格要求，后者通常被视为"软的"或容易的。从笛卡尔到当前的现代哲学应该为这一区分承受责备。我将给出一套理论来说明这一区分是如何发生的，以及如何在一定程度上化解它。但同时我想说明，还有更多的问题与生命书写和生物学有关，它们可以为哲学提供一些新的问题，帮助哲学摆脱目前的僵局。

众所周知，一个多世纪以来，哲学一直困于所谓的分析/欧陆之分。许多人宣称这种划分是非法的。有些人直截了当地宣称"欧陆"哲学其实不过是"烂诗"而已，仿佛他们会满足于"好诗"一样。其实不然。这些人把哲学看作科学的延续，并认为应该以近似于研究物理学的方式从事哲学：用小篇幅的、技术性的期刊文章从事渐进式的研究，有时则是在前沿研究项目上的大幅进展；他们通常参考的是过去10年间的论文；就像科学论文主要面向的是其他科学家一样，他们面向的也是其他哲学专家而不是公众。以马库斯·加布里尔为代表的另一些人反对分析/欧陆之分，他们认为任何哲学的目标都应该兼具分析式的精确和欧陆哲学广泛的文化兴趣。②还有一些人，如阿兰·巴迪欧，则声称搁置这一划分的原因在于他们个人有能力弥合这种分歧，因为他们在数学和文学方面都有专业技能。③而与此相反，我认为这种划分仍然存在，而且在未来很长一段时间内

---

① C. P. Snow, *The Two Cultures*, Cambridge: Cambridge University Press, 1993.
② Markus Gabriel, *Fields of Sense: A New Realist Ontology*, Edinburgh: Edinburgh University Press, 2015.
③ Alain Badiou, *Being and Event*, trans. O. Feltham, London: Continuum, 2013, p. xiv.

也将继续存在，因为在哲学究竟是通过缓慢的渐进取得进步，还是通过大幅度的跳跃而前进这个更根本的问题上，双方存在分歧。

但是，我在这里想要指出的是：不仅是硬核的分析哲学家想要拒绝哲学与生命书写之间的密切联系，甚至一些富有才华的、以历史为导向的哲学学者也对生命书写的作用持怀疑态度。君特·策勒（Günter Zöller）这位杰出的德国观念论研究者就是一个例子。在策勒2011年对大卫·卡特赖特（David E. Cartwright）的叔本华传记发表的书评中，他在好几段话中都在抱怨近来在哲学传记写作上存在的趋势。在他看来，这些传记过于迅速地将哲学家"人化"，把哲学家们展示为被个人癖好所折磨的有缺陷的个体。这正如他对许多流行的尼采传记的抱怨：

> 在最近的这些传记中，尼采的病理学已经进入了巴尔扎克式的广度和维多利亚时代的场景中。伟大的哲学家被表现得像人一样，有趣且聪明；但他们也变得像他们的读者，无论其有没有博士学位。在从下往上看的视角中，有可能失去的任意一个配得上"哲学家"称号的人所提出的智性挑战，即解决问题、提出解决方案的智性挑战，迫使我们面对我们的极限的能力，以及检视生命的生存挑战，包括自己的生命以及他人的生命，实际上是我们所有人的生命。鉴于如此极端和详尽的观点，事情可能看起来再也不一样了。①

简言之，策勒认为，传记暂时搁置了哲学中富有挑战性的智性

---

① Günter Zöller, "Review of *Schopenhauer: A Biography*, by David E. Cartwright," *Notre Dame Philosophical Reviews* May 22, 2011. https://ndpr.nd.edu/news/schopenhauer-a-biography/.

的内容，转而专注于存在于每一个生命中的平凡的、属人的问题。这幅图景中缺少的是这样一种可能性，即传记提出的哲学问题与哲学家提出的论证同样真实，与生物学处理的科学问题一样紧迫。这种可能性当然没有逃过以前的哲学家的注意。在威廉·狄尔泰那里，我们看到了一位优秀的历史哲学家，他的许多杰出作品都是在对莱布尼茨和施莱尔马赫等人物进行精彩的传记式处理的过程中完成的。① 西班牙思想家若泽·奥尔特加·伊·加塞特（José Ortega y Gasset）认为自己在一定程度上延续了狄尔泰的工作。在他的著作中，我们发现了一种后理性主义的"生命理性的哲学"的尝试。他提出的口号是，"我就是我自己加上我的环境"（I am myself and my circumstances）。② 但在继续这个话题之前，我想说几句关于分类学在哲学上的作用的话题；或者我们应该称之为"存在－分类学"（onto-taxonomy），因为我恰好认为它与海德格尔和德里达一致攻击的"存在－神学"一样是有害的偏见，尽管它们各自具有极为不同的理由。③

一、现代哲学中的分类学

西方现代哲学一般被认为始于笛卡尔，我现在不想反驳这种说法。我们就把笛卡尔当作现代哲学的奠基人好了。笛卡尔哲学最重要的一个方面是，他认为世界由三种不同的实体组成：两种有限的

---

① Wilhelm Dilthey, *The Formation of the Historical World in the Human Sciences*, eds. R. Makkreel and F. Rodi, Princeton: Princeton University Press, 2002.
② José Ortega y Gasset, *Some Lessons in Metaphysics*, trans. M. Adams, New York: Norton, 1971.
③ Martin Heidegger, *On Time and Being*, trans. J. Stambaugh, New York: Harper & Row, 1972; Jacques Derrida, *Of Grammatology*, trans. G. Spivak, Baltimore: Johns Hopkins University Press, 1997; Graham Harman, "The Well-Wrought Broken Hammer: Object-Oriented Literary Criticism," *New Literary History* 43.2 (2012), pp. 183–203.

实体即所谓思维和广延,以及被称为上帝的无限实体。[①]实际情况则是,上帝从主流哲学家的视野中消失了,只有两种有限的实体留了下来。我所说的分类学是指,宇宙中有且只有两种东西:一种是人的思想,另一种是其他的一切。人的思想可以构成50%的哲学宇宙。从表面上看,这似乎完全不可信。没有人会说存在这两种东西:三角形和其他所有东西;或者,爬行动物和其他所有东西。只有人类的思想才会被视作如此特别的东西,它与现实的其余部分如此格格不入,以至于人的思想被认为理应占据哲学家的研究领域的半壁江山。

显然,笛卡尔不是傻瓜。他认为他有很好的理由用这种方式把世界一分为二。这与他为哲学寻求一种不可动摇的基础有关——哲学可以像数学或自然科学一样建立在这个基础上。他认为,哲学家们在连续的现代化进展中反复争论同样的问题,而没有一劳永逸地解决任何问题。即使是刚开始学哲学的学生也知道,笛卡尔发现他最初能确定的唯一一件事就是他的思维自身的存在;即便一个邪恶的骗子使他体验到的只是幻觉,思想本身也不可能是幻觉,因为只有思想才能使欺骗发生。这使得人类的思想成了所有确定性的来源。在他著名的《第一哲学沉思录》中,上帝和世界的存在随后得到了证明。通过这种姿态,人的思想占据了哲学的中心位置。我认为,人的思想从未离开过哲学的中心,尽管有无数人声称已经"克服了笛卡尔式的主体"。即便如此,在笛卡尔哲学的起点上,怀疑仍然扮演了重要的角色。无神论者完全无法接受上帝充当任何角色而存在,尽管上帝在弥合思想与世界的鸿沟上发挥了明显的核心作用。而且,

---

[①] René Descartes, *Meditations on First Philosophy*, trans. D. Cress, Indianapolis: Hackett, 1993.

许多读者怀疑笛卡尔本人是否相信上帝，有时只是因为上帝在绘画中看起来如此鬼鬼祟祟。因此，我们的现实理论变成了一种"笛卡尔理论的简化版"，我们对世界的分类只接受两种事物而不是三种事物：思想和其他的一切。即便如此，笛卡尔还是清除了中世纪哲学中隐藏的"实体形式"，更不用提炼金术士的神秘特质了。他从而与伽利略一起，为一种关于物理世界的纯粹可知的、数学化的解释铺平了道路。考虑到物理学在现代世界中仍享有很高的声望，这似乎走在了正确的方向上。

如果笛卡尔设定了这样一种情况，即所有事物——包括我自己的思维和有广延的物理世界的结构——在原则上都是完全可知的，即"清楚明白"地可知的，那么康德则改变了这幅图景，同时完整地保留了笛卡尔的分类法。①我们知道，康德所设定的基本对立面不是心灵与身体的对立，而是自在之物与现象之间的对立。笛卡尔式的怀疑从未得到解决，但这一问题仍然是哲学的中心问题。我们不可能通过一个理性的证明，即证明上帝的仁慈来保证我们不受欺骗，因而获得超出人类思维条件之外的世界本身。相反，康德承认我们永远不可能认识自在之物，因此哲学必须限制自己去确认那些通达世界的先验条件，即对任何人类经验都适用的条件：主要是空间、时间和知性的十二范畴。康德带来了不同于笛卡尔式怀疑的结果，尽管二者的基本假设是完全相同的。康德给了我们一个"黑暗版本"的笛卡尔，因为我们切断了与关于现实的直接知识的联系，但仍然承认人的思想属于现实中的一个领域，而其他的一切都是在另一个领域中的。这样一来，笛卡尔和康德仍然在用同一种现代哲学的惯

---

① Immanuel Kant, *Critique of Pure Reason*, trans. N. K. Smith, New York: St. Martin's Press, 1965.

用语工作，而那些倾向于理性主义的人总是可以选择笛卡尔的版本，并要求从康德回到笛卡尔。这就是我们在当代的哲学理性主义者如巴迪欧和甘丹·梅亚苏身上看到的。二者都将康德视为一场灾难，因为康德剥夺了人类通向绝对的一切可能性；但二者都继续以这样一种模式运作，即人的思想不仅是现实的二分之一，甚至是更重要的一半。对巴迪欧来说，这是因为我们可以对诸种真理事件表达忠诚；如果缺少忠诚，那么它们就什么也不是。而对梅亚苏来说，这是因为人的思想有能力去把现实数理化，把握现实的原初性质（就像笛卡尔一样），同时也因为人类可以独自等待正义的来临，以及等待那当前不存在但在未来可能突然存在的真正的神（不同于笛卡尔的上帝）的来临。①

我们可以对现代哲学的存在-分类学进行详细的历史介绍，但是在这里只要增加两个转折点就够了。在德国观念论者看来，要超越康德的局限，通常的方法是说明"自在之物"是一个矛盾的概念。②去思考一个超出思维的事物本身就是一种思维，因此思维就是一种包含了一切事物的范围，包括那些被认为在思维之外的事物。思维之外的自在之物陷入了思维的领域，而二者不是永远对立的。我们拥有一种辩证法，在这种辩证法里，自在之物是能被理性所穿透的。这一立场在梅亚苏那里也有所体现，因为他不只拒绝所谓思想和世界总是成对出现的"关联主义"（correlationism），而且还接受了一个基本论证——他认为这个基本论证是强有力的；这就是为什么梅亚苏自己的论证，即跳脱思想与世界的关联循环的论证，要

---

① Quentin Meillassoux, *After Finitude: Essay on the Necessity of Contingency*, trans. R. Brassier, London: Continuum, 2008.

② Salomon Maimon, *Essay on Transcendental Philosophy*, trans. A. Welchman, London: Continuum, 2010.

比人们意识到的复杂得多。而在我看来,他的论证失败了,他仍然是一个观念论者。在当代的哲学家中,齐泽克是一个更明显的例子,他接受了德国观念论者对自在之物的批判。在此基础上,他又加入了雅克·拉康的精神分析。对拉康来说,真实并不是某种独立存在于思想之外的东西,而是一种使思想受到创伤的东西,真实不能被语言的符号秩序同化。

另一个转折点来自现象学。尽管在胡塞尔和海德格尔的著作中能发现的存在-分类学的变体有所不同,但二者仍然是存在-分类学的思想家,即便海德格尔成功地摆脱了存在-神学。对胡塞尔来说,自在之物意味着一个事物在原则上不能成为某种心理活动的对象。这显然是荒谬的。如果我们把柏林城双重化,即变成思想内的思维的柏林和思想外的真实的柏林,年轻的胡塞尔会表示反对,因为如此一来知识将成为不可能的,因为没有办法在两个柏林之间来回跳跃。[①]因此,他总结道,存在的是同一个柏林,也就是我的思维的对象。我们对柏林没有足够的认识,但那只是因为我们没有找到恰当的现象学方法来把握它的本质。原则上,只要我们能够把握柏林的种种侧显或偶然因素,我们就能抓住柏林的本质。胡塞尔在某种意义上很像笛卡尔,因为他是一个理性主义者,他认为知性可以真正地了解事物的本质,即使不是像笛卡尔那样狭隘地以数学的方式来了解事物。但在另一个意义上,胡塞尔又类似于康德。这是因为他认识到,很多时候事物确实对我们隐藏起来了,尽管这只是由于感知的侧显暂时地阻碍了知性的工作,以及阻碍了对对象本质的范畴直观。简言之,在将自在(in-itself)与为我们(for-us)之间的差异

---

① Edmund Husserl, "Intentional Objects," in Edmund Husserl, *Early Writings in the Philosophy of Logic and Mathematics*, trans. D. Willard, Dordrecht: Kluwer, 1993, pp. 345–387.

内爆到一个单一的层面这一点上,胡塞尔与黑格尔是相似的。但是,黑格尔是通过思维固有的辩证过程来达到这一目的的,而胡塞尔感兴趣的则是对象自身向我们的感知呈现特定样式的方式,并且这种方式因此妨碍了直接地切近对象自身的本质。

而海德格尔又更靠近康德。常常被遗忘的是,海德格尔在其著作《康德与形而上学疑难》中批判了德国观念论者对自在之物的逃避,他认为这种逃避阻碍了对人的有限性的认识。[①]更明显的是,海德格尔并不像胡塞尔那样重视知性的直观,他承认现实本身总是部分地遮蔽或隐藏在此在之外的。不同于黑格尔和胡塞尔,海德格尔认为存在问题是合法的,他不认为存在可以被定义为"不确定的、直接的"或者"意识的被给予性"。存在总是隐藏着的,尽管它部分地向此在显现。尽管海德格尔有重要的创新,但他仍然停留在笛卡尔式的存在-分类学视域中。在其中,基本上只有两种事物:存在,此在或向人显现的存在。经常有人试图声称海德格尔的此在并非真正的人。这其中混杂着两种不同的表述,因为尽管他禁止将此在认定为理性动物或高度发达的非洲猿,但此在仍然是我们每个人的实体。虽然他成功地论证道,我们还参与了工具的实际使用以及经验到基本的情绪(这与笛卡尔和胡塞尔的人类知性模式形成了强烈的对比),但是,对海德格尔来说,什么是以及什么不是此在仍然是成问题的。这意味着,他仍然接受笛卡尔以及笛卡尔之后的哲学家的基本模式。

现在还需要一个转折点。莫里斯·梅洛-庞蒂被认为是最具有未来性的现象学家,甚至受到今天的心灵哲学家们的称赞。据说,

---

① Martin Heidegger, *Kant and the Problem of Metaphysics*, trans. J. S. Churchill, Bloomington: Indiana University Press, 1962.

梅洛-庞蒂对"身体"的关注使他超越了现代哲学的心身二元论。①但是,要注意这里被忽略的东西。他仍然在谈论人的身体,这意味着身体与存在-分类学上的"心灵"概念密不可分。伊恩·汉密尔顿·格兰特(Iain Hamilton Grant)正确地抱怨道,这里仍然遗漏了岩石以及其他无生命的东西,"身体"和"生命"只不过是继续现代哲学事业的托词。曼努埃尔·德兰达(Manuel DeLanda)甚至用更尖锐的措辞表示,"身体"就像是美国白人公司董事会的一个象征性的少数族裔成员,因此梅洛-庞蒂可以宣称,他已经超越了人类—世界鸿沟的人类一边,却没有改变分类水平。的确,在他的后期作品《可见的与不可见的》中,梅洛-庞蒂转向了他的"肉"概念,这一概念似乎填补了这一鸿沟,使世界以我看它的方式看我。但是请注意,这保留了完整的存在-分类学。它只是让人类和世界两极互利,而没有挑战宇宙中有且只有两种不同事物的基本假设。梅洛-庞蒂没有在任何地方告诉我们,世界的两个不同部分互相注视。唯一有趣的鸿沟应该是人类和世界之间的鸿沟。②

这就把我们引向了从笛卡尔到海德格尔,以及其后的现代哲学中不可避免的存在-分类学的最后两个要点。第一个要点涉及假问题掩盖真问题的方式。路易·阿尔都塞说,"意识形态"可以被理解为假问题的生产。马克思主义者声称,种族主义和同性恋恐惧症的困扰掩饰了真正的根本问题,即工人阶级在经济上被剥削。阶级是真问题,种族和性别是假问题。③无论如何看待这个特殊的例子,我

---

① Maurice Merleau-Ponty, *Phenomenology of Perception*, trans. C. Smith, London: Routledge, 2002.
② Maurice Merleau-Ponty, *The Visible and the Invisible*, trans. A. Lingis, Evanston: Northwestern University Press, 1968; Graham Harman, *Guerrilla Metaphysics: Phenomenology and the Carpentry of Things*, Chicago: Open Court, 2005.
③ Louis Althusser, "Ideology and Ideological State Apparatuses," in Louis Althusser, *Lenin and Philosophy and Other Essays*, trans. B. Brewster, New York: Monthly Review Press, 2001, pp. 121–176.

认为在现代哲学中也有类似的事情正在发生。正如我所提到的，这种情况一直持续到今天。也就是说，真正的问题是分类学上的假设，即只有两种基本的事物存在：1.人的思想；2.其他一切。但是，这个假设被一个派生性的问题掩盖了，它占用了我们大部分的力气，而首要的和更基本的问题没有得到解决。也就是说，我们花了太多时间争论思想和世界这两极之间是否有鸿沟，还是根本就不存在所谓"鸿沟"。一般认为，从笛卡尔经由康德的现代早期的想法是，思想和世界之间存在着至关重要的鸿沟。笛卡尔需要用上帝来填补这一鸿沟；斯宾诺莎对他的上帝或自然也做了同样的事情，尽管他把思维和广延仅仅看作无限多的其他现实模式中的两种；在莱布尼茨那里有一个前定和谐的问题，这个问题表明了无窗口的单子这一事实；在休谟的理论中，我们不能知道是否存在自然法则，因此必须依赖习惯和习惯性的联系来告诉我们关于自然的事情；在康德看来，只有通过伦理学才能弥合本体与现象之间的鸿沟。在康德之后，直到今天，人们倾向于认为二者之间的鸿沟是一个错误的问题。因此，我们就看到，德国观念论者将康德的区别内聚到一个辩证的平面上。胡塞尔宣称，我们已经在意向对象中超出了我们自身之外；海德格尔也有类似的主张，虽然有不同的理由；梅洛-庞蒂认为，由于其具身化的关系，心灵是永远不会超出世界的。尽管如此，所有这些为解决思想和它的外部之间是否存在鸿沟的问题而提出的解决方案，仍然假设了我们必须需要考虑这一鸿沟，而它不是两块石头或一颗雨滴和一个锡屋顶之间的鸿沟。

第二个要点是，存在-分类学不仅是一种哲学理论，而且它引向了分工的实践。如果现实的两个基本的极点大致等同于思想和世界，那么让不同的群体来处理这两种不同的现实是有意义的。无生命的事物之间的相互作用不需要再用形而上学来讨论了，因为精确科学已经在自然的数理化方面做了大量的工作。在这一过程中，它们通过在物理、工程、化学和医学上的突破使我们在地球上的生活变得更好。具有讽刺意味的是，尽管笛卡尔最初认为，世界的实存比自己的心灵的实存更不确定、更可怀疑，但研究这个可怀疑的世界的学问已经远比人文科学更有信誉，总是源源不断吸引大量的研究经费，而新的哲学博士则很难找到工作。与科学的伟大胜利相比，我们显得有些多余，至少在没有受过教育的普通人以及往往是更高层次的人看来是这样。在现时代，哲学何为？我们不能真正地讨论世界本身，我们就只讨论可能进入世界的先验条件，正如康德所建议的那样。科学处理的是存在-分类学中的"世界"极点，而我们的人文科学则满足于"思想"极点。

对于思想/世界这个对子来说，一个显而易见的选择方案就是采取一种平面的存在论，其中所有的实体都是平等的实体。人的思想是一个对象，人的身体也是一个对象，化学物质、鸟类、运动队和国家也是一样。这是物向存在论（object-oriented ontology）的初始假设。早期的对象理论起源于布伦塔诺学派，包括亚历克修斯·迈农（Alexius Meinong），甚至胡塞尔自己。[①]但这些分类学理论感兴趣的是人的思维是如何指称、感知或思考对象的，它们没有给哲学留下任何空间来处理对象与对象的相互作用，也没有让自然科学垄断这一主题。

有趣的是，这在某种程度上已经被完成了。阿尔弗雷德·诺斯·怀特海是一位伟大的哲学家。尽管他有时仍被视为一个有点疯

---

① Alexius Meinong, *Über Gegenstandstheorie/Selbstdarstellung*, Frankfurt: Felix Meiner, 1988.

癫的人，但他在《过程和实在》的开头指出，所有的关系都应该被放在同样的基础上。① 人类思维把科学中的特定实体予以对象化的方式与两个无生命的对象在碰撞中相互作用的方式在性质上没有什么不同。这里有一个形而上学的问题，即科学无法解决实体之间的相互关系问题，因为它专注于对自然界中无生命的生物进行数理化处理。怀特海在当世最伟大的崇拜者之一是法国哲学家布鲁诺·拉图尔，他也提出了人类与非人类实体之间的普遍翻译理论，尽管他的假设中仍然保留了一点分类学，即人类必须作为一种在任何情况下始终在场的元素。② 我认为，这两种哲学的更大的问题是，它们太倾向于用关系性的术语来处理对象或实体，因此一个事物只是它做了什么事（在拉图尔那里）或它如何与其他实体相关（在怀特海那里）。无须更深入的细节，我认为亚里士多德在《形而上学》中已经驳斥了这样的模型。他反对麦加拉学派的如下观点：一个事物只不过就是它现在实际所是的东西，所以没有人是一个建筑师，除非他正在盖一所房子。③ 这使亚里士多德产生了他著名的未实现的潜能的理论，他把这个理论与事物联系在一起，而不是与事物的形式联系在一起。虽然这个观点也有问题，但我认为，无论是怀特海还是拉图尔，都无法通过亚里士多德的检验。

在继续讲座的主题之前，再看一下另一种说法。对康德的通常回应是，他是一位伟大的哲学家，他搞砸的只是设定了自在之物的实存，而自在之物只是他想摆脱的独断论哲学的残余。这就遗漏了

---

① Alfred North Whitehead, *Process and Reality*, New York: Free Press, 1978.
② Bruno Latour, "Irreductions," in Bruno Latour, *The Pasteurization of France*, trans. A. Sheridan and J. Law, Cambridge: Harvard University Press, 1988.
③ Aristotle, *Metaphysics*, trans. C. D. C. Reeve, Indianapolis: Hackett, 2016.

一件事，即自在之物正是康德得以避免独断论的原因，因为它使得任何理性的证明都不可能达到现实的本来面目。事实上，自在之物是康德的强项，而非弱点。相反，他最薄弱的地方在于，他假设自在之物只会萦绕在人类的思想中，而不会影响其他方面。我们本可以有一种"德国实在论"来代替德国观念论。这种实在论接受自在之物，同时把它扩展到了任意一种关系，包括无生命的事物之间的关系之中。但是这需要面对现代主义的根本问题，而不是虚假的问题。存在-分类学的真正问题是：把一切分为思想和世界，而不是将注意力转移到支离的问题上，即思想和世界是被鸿沟所分隔的，还是说二者从一开始就总是混合在一起的？

二、连续的和离散的

到目前为止，我已经声称，现代哲学中的真正问题是未经辩护的存在-分类学，它将思想和世界看作现实的基本的两极，我们应该提出一种平面的存在论（flat ontology）来与之相抗衡。在这种平面的存在论看来，人的思想只是数以万亿计的实体类型中的一种：人的思想是一种非常有趣的实体（毫无疑问，它是非常有趣的），但不是一种值得耗费半数的哲学讨论的实体。相反，我（以阿尔都塞的方式）认为，我们被"意识形态"分散了注意力，我们认为思想与世界之间没有鸿沟是一个假问题。这是因为，我们总是存在于这个世界中，世界并没有与我们分离。这个论证反对所谓"鸿沟"（无论是以黑格尔、胡塞尔的还是以海德格尔的形式），这是现代后期的存在论的核心计划。其弱点在于，它仍旧包括最具破坏性的现代哲学的前提：有且只有两种事物的基本类型，不管它们是分离的还是相互连接的。我恰恰认为，我们在这一点上停滞不前了。我们需要转向某种形式的平面的存在论，以便为哲学再次打开新的可能性之门。

但从某种意义上说，这对于假问题是不公平的。假问题实际上有可能被转化为一个有价值的、全新的真问题，只要它被去-分类化，并被应用到每一个交互活动中，而不仅仅是人与世界的交互中。这个全新的真问题涉及的是现实中的连续与离散之间的内在张力。我认为，第一个明确处理这个问题的哲学家是亚里士多德。亚里士多德写了很多重要的东西，包括《诗学》《尼各马可伦理学》和关于逻辑学的重要著作。但如果我们想要理解亚里士多德哲学的中心张力，我们只需要看到他的《物理学》和《形而上学》扮演的不同角色即可。我想说的是，这两部作品之间的区别并不是物理学与高于物理学的学问之间的区别，而是连续和离散之间的区别。

我前面宣称过，可以按照这样的思路来理解分析哲学与欧陆哲学之间的差异：一方面是通过研究团队在明确定义的问题上进行增量性发现的真理模式，另一方面是相对较稀少的思想家（而非原则上更为平等的大规模的研究团队）通过跨越或范式转化而实现的真理模式。二者形成了对立。我们可以把这种对立看作真理的英雄模式与民主模式的对立，或者是托马斯·库恩著名的区分，即范式转化的科学和常规的科学的区分。[①] 如果我是正确的，即这是分析/欧陆的划分中的关键对立，那么这一划分势必会继续存在下去，直到这些真理理论之间的僵局得到解决。但这不是我这个讲座的主题。除此之外，连续和离散的主题远远超出了哲学领域最近的任何专业争论。

---

① Thomas Kuhn, *The Structure of Scientific Revolutions*, Chicago: University of Chicago Press, 1970.

回到亚里士多德。《物理学》所教授的重要一课是：连续性在自然中的角色。[1]我们的这个讲座包含多少时刻？我们可以把它分成3到4个中心主题，或者我们可以把它分成分钟，或者秒，或者十分之一秒，或者我们喜欢的任何增量。在任何时间跨度内都没有确定的瞬间数。亚里士多德对此的解释是，时间实际上并没有分裂成一定数量的瞬间，而只是潜在地分裂。这不仅仅是时间的问题。我说话的这个房间包含多少空间？我们可以把它分成立方米，或者立方厘米，或者立方毫米，或者任何我们想要的单位。他说，数字也是如此。0和100之间有几个数？其中不存在明确的数字，因为我们并不是一定要用整数来计数。我们可以只数偶数，或者可以数一半，或者十分之一，甚至可以数20、40、60、80、100。数字是一个连续体，我们可以用任何自己喜欢的方式分割它。这就是《物理学》，它展示了亚里士多德关于自然的连续的模型。除此之外，他用这个模型反驳了芝诺的一些悖论，他认为芝诺的思维建立在关于运动及运动如何发生的一种不充分的连续性观念上。这就是亚里士多德，一位连续理论家（continuum theorist）。

但当我们转向《形而上学》时，亚里士多德突然间不再是一个连续理论家，而是一个离散理论家。[2]这个房间里有多少人？突然之间，我们需要一个与其他问题截然不同的答案。我们发现房间里有一定数量的人。我们不能说房间里有一个人或者300亿人，或者50亿人，或者我们想要多少人就有多少人。这对连续体是适用的。但对亚里士多德来说，这在数有多少个别实体时就不适用了。在处理实体时，也就是在处理形而上学时，我们处理的是一些特定数量的个

---

[1] Aristotle, *Physics*, trans. C. D. C. Reeve, Indianapolis: Hackett, 2018.
[2] Aristotle, *Metaphysics*.

体单位，它们不能由心灵任意决定。简言之，亚里士多德这样处理连续与离散的问题：自然和物理学主要通过处理连续来研究自然，连续体可以被任意分割，虽然它们的确是平滑的；而实体和研究它的形而上学处理的是实际的单位。二者不得相互混淆。

当然，不是每个人都用和亚里士多德一样的方式解决这个问题。甚至有些极端主义者认为，一切都是离散的或一切都是连续的，与之相反者不过是幻觉。在哲学史上，极端的离散论者无疑是阿拉伯和欧洲的偶因论者。伊斯兰教的偶因主义学派兴起于伊拉克南部的巴士拉，在宗教思想家艾什尔里（al-Ash'ari）的著作中，他的中世纪追随者被称为艾什尔里派。以今天的标准来看，他们是极端保守的。[1]他们认为，上帝不仅是唯一的创造者，而且是唯一的因果能动者。对象之间是如此隔绝，以至于它们无法直接接触：火不烧棉花，只有上帝烧棉花。他们的观点甚至更极端：不仅没有一个物体可以接触到另一个物体，甚至没有一个物体本身可以保持不变，因为在每一个瞬间，所有的东西都在消失，而上帝在不断地创造一切。换句话说，他们相信空间的偶因论和时间的偶因论。最终，在几个世纪后，类似的偶因主义理论出现在欧洲哲学中，这一理论主要是为了解释笛卡尔的思维和广延实体是如何交流的。有种种不同的偶因论，就像笛卡尔、马勒伯朗士、斯宾诺莎、莱布尼茨、贝克莱等思想家的思想所反映的那样。在我看来，甚至休谟和康德也是如此。不过，我们可以把这个问题留到以后讨论。在任何情况下，偶因主义者通常都认为，一切事物都与其他的一切隔绝，只有上帝才能在

---

[1] Majid Fakhry, *Islamic Occasionalism: And Its Critique by Averroes and Aquinas*, New York: Routledge, 2008; Dominik Perler and Ulrich Rudolph, *Occasionalismus: Theorien der Kausalität im arabisch-islamischen und im europäischen Denken*, Göttingen: Vandenhoeck & Ruprecht, 2000.

它们之间创造出明显的连续性。我提到过，这是从笛卡尔到康德的早期现代哲学的趋势；这些思想家对对象之间的鸿沟问题很感兴趣。

但一个人也可以是一个极端的连续主义者，并且认为实体很大程度上是虚幻的，因为现实本身是一个连续体，而个别实体是原始的旋涡整体的副现象的产物。亨利·柏格森可能是激进连续论的最佳案例，他认为个别实体是由人类的实践需要所产生的，而不是独立存在的，尽管他从未真正解释过人类的实际需要与整体的差异为何如此之大，以至于首先需要这样做。在柏格森的影响下，这种连续论在吉尔·德勒兹和吉尔伯特·西蒙东的作品中进一步深入了当代哲学内部，甚至在近15年间从德勒兹哲学蔓延到了建筑的领域。①因此有一个时期，建筑师设计不带转角的建筑，也找不到门窗和各种叠状物的安放之所，以此回应德勒兹的著作《褶子》②。

但最重要的也许在于，连续和离散的问题不仅仅影响哲学，也存在于人类思想的每一个角落。这是一个非常基本的问题：一件事情在哪里结束？另一件事情从哪里开始？当你从洛杉矶或上海的市中心开车进入郊区时，大都会区在什么地方到头？量子理论告诉我们，现实是由微小的块和跳跃组成的，而相对论认为空间和时间是逐渐扭曲的，目前还没有一种成功的关于重力的量子理论。因此，20世纪物理学的两大支柱仍然没有统一起来。在进化生物学中，达尔文的渐进主义在20世纪受到奈尔斯·埃尔德雷奇（Niles

---

① Henri Bergson, *Time and Free Will: An Essay on the Immediate Data of Consciousness*, trans. F. L. Pogson, New York: Dover, 2001; Gilles Deleuze, *Bergsonism*, trans. H. Tomlinson and B. Habberjam, New York: Zone, 1990; Gilbert Simondon, *L'individuation à la lumière des notions de forme et d'information*, Grenoble: Jérôme Millon, 2005.

② Gilles Deleuze, *The Fold: Leibniz and the Baroque*, trans. T. Conley, Minneapolis: University of Minnesota Press, 1992.

Eldredge)和斯蒂芬·杰伊·古尔德(Stephen Jay Gould)的间断平衡(punctuated equilibrium)理论和林恩·马古利斯(Lynn Margulis)的连续内共生(serial endosymbiosis)理论的攻击,我将在后面谈到这两种理论。在历史上,同样的问题经常出现。①意大利的文艺复兴到底是什么时候开始的?我们需要对它何时开始做一个武断的决定吗?还是有一个特定的事件启动了文艺复兴?全球变暖是从新石器时代开始的吗?还是从蒸汽机的发明,抑或从第一颗原子弹的试验开始?历史学家们经常就这类事情争论不休,而且其中往往存在重要的利害关系:仅仅说所有的日期都是随意的、历史是平稳流动的,这太容易了。这需要辩论而不仅仅是断言。更宽泛地说,随着历史的发展,我们可以把历史的个人分支称为生命书写。拿破仑的失败是否有确切的时刻?美国内战中南方的命运是否有确切的转折点?我为对生命书写和生物学的讨论已经准备了很长时间,最终,讨论这些话题的时候到了。

三、生命书写

生物学只研究生物,不管是个体意义上的生物还是整个物种和属的意义上的生物,可以认为生命书写/传记也有同样的局限。我们读的大多数传记是写单个的人,或者有时是一起工作的小组的:从毕加索的传记中,我们能想到整个立体主义运动的传记也需要谈论乔治·布拉克(Georges Braque),或者其他一些人物,如胡安·格

---

① Niles Eldredge and Stephen Jay Gould, "Punctuated Equilibria: An Alternative to Phyletic Gradualism," in Thomas J. M. Schopf ed., *Models in Paleobiology*, New York: Doubleday, pp. 82–115; Lynn Margulis, *Symbiotic Planet: A New Look at Evolution*, New York: Basic Books, 1999.

里斯（Juan Gris）或其赞助人格特鲁德·斯坦因（Gertrude Stein）。但我认为，生命书写/传记不必局限于活物。例如，可以为一家公司写一本传记，讲述它出生、转变、兴盛、衰败的故事。2016年，我出版了一本名为《非唯物主义》(*Immaterialism*)的书，这本书试图为荷兰东印度公司（Dutch East India Company）——很可能是第一家公司——立传。①当然，我承认，荷兰东印度公司不是一种生物，尽管在它的许多要素中包括人和植物。但是，伟大的哲学家莱布尼茨却完全否认荷兰东印度公司是一个对象。对于莱布尼茨来说，没有什么是真实的，除非它按照其自然本性是真实的；其他一切只不过是许多不同部分的"集合"。我觉得没有理由认为，只有自然才能产生统一的实体（毕竟，今天我们周围的大部分是人造物体，例如上海，它们按照其自然本性并不实存）。我写这本书，一方面是要证明莱布尼茨是错误的；另一方面是为了找到一种新的方式，来研究大型的多片块式（large multi-piece）的对象。

我还有另外两个更知性的动机来写这本书。在我看来，当今社会科学中，最强大的方法是拉图尔的行动者网络理论（actor-network theory）。行动者网络理论的一大特点是，它不会从区分人类行动者与非人类行动者开始。要理解一场战争，我们不能只看卷入其中的著名政治家和将军，还必须考虑许多非人类因素：地理、武器、天气状况，等等。现代欧洲政治哲学对人的关注是如此之深，以至于在很大程度上分化为两派：一派认为，人性是好的或可以改善的；另一派则认为，人性基本上是危险和不变的。但政治涉及的范围远不止于人类，因此人性可能不是政治哲学的中心主题。我们可以在

---

① Graham Harman, *Immaterialism: Objects and Social Theory*, Cambridge: Polity, 2016.

明智或愚蠢的努力中筑起高墙，将人们拒之门外并稳定边界。我们用身份证号、银行账户、衣服、结婚戒指和不同阶层的邻居来稳定社会。这就是我在社会理论中喜欢行动者网络理论的地方。我不太喜欢的是它的假设，即每个事件都会改变其中的参与者。根据行动者网络理论，原则上，恺撒越过卢比孔河攻打罗马是一个事件，但是恺撒换了衣服或者他头上掉了一根头发也会改变恺撒的身份。对行动者网络理论来说，除了衡量每一个变化对周围其他事物的影响之外，重要的事件和不重要的事件之间没有区别。现在的问题是，有时最喧嚣的历史事件会比那些悄无声息或不引人注意的事情更不重要。同样，如果我们每个人看看自己的生活就会发现，对我们有意义的事件的数量是有限的；而在我们的生活中的许多其他事件，包括许多当时给人压力的或貌似很重要的事件，其实完全没有带来改变。我的想法是，任何正确的生命书写理论都需要解释离散的事件，而不仅仅是解释连续不断的生活经验。这一点，我在拉图尔的行动者网络理论那里没有发现足够的进展。

写这本书的时候，我想的另一件事是，进化生物学家马古利斯从很早就令我着迷。你可以在她的《共生星球》(*Symbiotic Planet*)这本书中读到对她所谓"连续内共生理论"的精彩介绍。这个理论的基本思想简单又令人惊讶。根据达尔文进化论的标准渐进模型，进化是在很长一段时间内缓慢发生的。与此相反，马古利斯认为进化是间歇性发生的，在以前的独立的生命形式之间很少有共生的情况。以人类细胞为例。它有细胞核和外壁，但也有许多细胞器，即每个细胞内的小器官。马古利斯的理论是，这些细胞器最初是作为寄生虫进入我们的细胞的外来生物，直到我们的细胞找到利用它们的方法，比如通过处理在某一时刻开始充满地球大气的高毒性元素氧。在实验室里观察果蝇的进化时，马古利斯认为，某些果蝇能够进化到在高温下生存，不是通过它们自身的内部适应，而是通过从外部获得一种病毒来帮助它们生存。简而言之，她的观点是，进化通常是独立的生物形成某种联合的结果：通常是物理上的联合，使它们合而为一，成为同一种生物。

马古利斯关注的是，一个物种如何通过与生物或非生命实体的突然的、意想不到的联系进化成一个完全不同的物种。但在谈到荷兰东印度公司时，我想谈谈同一家公司在走向成熟的过程中是如何经历不同阶段的。尽管如此，我发现她的想法对于这个非常不同的目的是有用的。公司就像一个生物，经历了几个阶段：诞生、成熟、崛起、衰落和死亡。拉图尔后来指责我，把生物学的隐喻误用到一个没有生命的公司上。但在我看来，诞生、成熟、崛起、衰落和死亡主要是生命书写的术语，而不是生物学的术语，所以不存在误用隐喻的问题。①

找到一个公司的诞生时刻是相对容易的。在某一时刻，由于外界的压力，公司被合并，就像一个孩子是通过父母的行为被孕育出来的。有太多不同的荷兰公司在东南亚进行贸易，他们在市场上互相削价。由于荷兰人反抗西班牙人，急需大量的钱来维持他们国家的独立，各种各样的商人被迫联合起来组成一个垄断公司。这就是荷兰东印度公司的诞生，这不难被发现。同样，罗马城的诞生有其确切时刻，尽管它现在在很大程度上被神话所掩盖。但许多公司和俱乐部的出生就意味着死亡，而且大多数很快就倒闭了，或者至少它们对世界的影响很小。像罗马一样，荷兰东印度公司是公司中的

---

① Graham Harman, "Decadence in the Biographical Sense: Taking a Distance from Actor-Network Theory," *International Journal of Actor-Network Theory and Technological Innovation* 8.3 (2016), pp. 1–8.

一个罕见例子,它最终主宰了地球的很大一部分。我好奇地看着荷兰东印度公司从荷兰统治者的一个想法变成一股强大的力量,成为很大程度上的独立统治者。这里我将做一个简要的总结。我所寻找的是荷兰东印度公司的性质发生不可逆转的变化的时刻。在它的历史上,这些是离散的时刻,我称之为"共生"——我借用马古利斯的术语来表达我自己的目的。之所以称这些时刻为共生的,是因为它们不可避免地包括与公司外部的某物,或者是公司内部的某个新部门的生产的联系,从而使公司永远地发生了改变。如果我们思考我们自己的生活,通过类比可以发现,很少有什么关键时刻是与围坐在一起思考下一步怎么做有关的。相反,我们生活中的巨大变化来自与一个人、一种职业、一所大学、一位喜爱的作家的结合,有时也来自一件崭新的、赋予人力量的装备,比如一座心爱的海滨别墅或一座新的家园城市。我们没有人是可以无限改变的,随着年龄的增长,改变会变得更加困难。因此,我的工作是基于这样一种假设:任何实体——无论是有生命的还是无生命的——的生命书写在成熟之前都具有有限数量的共生体,通常是半打左右。

经过长时间对荷兰东印度公司的研究,我最终确定了对公司来说革命性的共生物的最终名单——正如我们所看到的,一共有6个。

1610年,荷兰东印度公司设立了总督一职。这个人被允许在没有得到阿姆斯特丹许可的情况下做决定并参与战斗。这显然是必要的,因为阿姆斯特丹和荷兰东印度公司的领地相距遥远,而后者的领地主要在今天的印度尼西亚和马来西亚。这一决定的重要意义是不可逆转的。是的,这一决定可能是可逆转的,公司可能被荷兰政府收回而被直接控制。但在这种情况下,荷兰东印度公司作为一个独立的实体会被摧毁,因为它会被缩减为荷兰的一个器官,而不是一个独立的力量。

接下来，在1614年，总督扬·皮特斯佐恩·科恩（Jan Pieterszoon Coen）写了一篇文章，名为《论印度国》（"Discourse on the State of India"），他指的是荷属东印度群岛，而不是现代印度的领土。科恩的论述采取了无情的立场。他说，为了获得所需的高额利润，从而从西班牙手中拯救这个国家，荷兰东印度公司必须残酷地压制所有其他试图在这一地区进行贸易的欧洲国家。甚至不止于此，荷兰东印度公司不允许亚洲国家像几个世纪以来所做的那样直接进行贸易往来，而迫使亚洲国家必须通过荷兰东印度公司作为中间人进行交易。以当时的标准来看，荷兰已经是一个自由的国家，可大家都注意到，这是一个非常不自由的计划。与此同时，每个人都可以看到这个企业所承诺的巨额利润。于是，在阿姆斯特丹，一开始没有人愿意对科恩的文章做接受或拒绝的表态。

1619年，荷兰东印度公司把它的总部从爪哇岛西端的班特姆往东搬到了巴达维亚的北部海岸，就是现在的印度尼西亚雅加达。这样做的主要原因是，班特姆是所有国家的自由港，不接受任何国家的垄断，但荷兰人已经朝着科恩的暴力贸易垄断的想法迈进。更重要的是，搬迁到他们自己的首都，借此给予他们更大的行动自主权，使得荷兰东印度公司更加独立于荷兰和其他国家。

1623年，在回到阿姆斯特丹之前，科恩操纵了局势。当荷兰政府签订了一份和平条约，并将该地区的大部分贸易交给了英国时，科恩被激怒了。科恩已经在很大程度上击败了英国人，而且对于把英国人从荷兰人那里损失的贸易的大部分还给他们的想法感到愤怒。为此，他命令他的一名助手在安汶岛屠杀英国军队，从而结束了和平条约，并为荷兰香料在该地区的强势垄断开辟了道路。

1625年，荷兰东印度公司又迈出了不可逆转的一步。先前，公司的目标是以大型货船往返于巴达维亚和阿姆斯特丹之间。但此时，荷兰东印度公司已经意识到，亚洲内部的贸易利润将更大。因此，他们开始把重心转向亚洲内部贸易。这意味着他们需要更小的船，能在亚洲的港口登陆。起初，他们用缴获的中国船只来运输，但后来开始建造自己的船只。

　　到此时为止，15年过去了，已经出现了五种共生现象。有趣的是，15年有时被称为一代人的时间长度，这意味着人类和公司实体在类似的时间框架内发展。只有一个例外：16年后的1641年，一种共生现象出现了。这是在荷兰东印度公司征服北方马六甲的时候，那里离现在的新加坡不远。这使得荷兰东印度公司统一了中国和阿拉伯的贸易路线，拥有了更大的经营范围。

　　根据我的理解，1641年是荷兰东印度公司成熟的最后一刻，当它所有的共生体都完成后，就再也没有进行重大创新的空间了。在达到成熟的形式后，荷兰东印度公司开始通过提高效率来增加利润，特别是考虑到欧洲对香料肉豆蔻的巨大需求，而这些香料在当时只来自今巴布亚新几内亚西部的少数出产香料的岛屿。他们的手段通常很残忍：砍伐不在他们控制下的岛屿的树木，奴役或屠杀大量的原住民。只要荷兰东印度公司适应了环境，他们的利润就会继续增长，尽管他们与日本或中国的交易失败了（中国在此期间实际上击退了荷兰对澳门的入侵），在试图把英国赶出印度东海岸时遭受了灾难性的军事损失。这些失败仅仅确立了荷兰东印度公司的地域限制。直到环境发生变化，公司不再年轻而无法适应环境时，它才开始衰落。发生这种情况的部分原因是，法国人学会了在西印度群岛种植一些同样的香料，并把它们带到欧洲，从而削弱了荷兰东印度公司的垄断地位。当欧洲对这些香料的需求开始下降，取而代之的是对巧克力和咖啡等产品越来越大的兴趣，而英国对这些产品有更大的控制权时，这种情况就进一步发生了。最后一个糟糕的迹象是，荷兰东印度公司在马六甲附近与反叛的当地军队进行了激烈的斗争，他们需要荷兰海军的帮助才能取胜，这意味着荷兰东印度公司作为一个独立军事力量已然丧失了能力。最终，当拿破仑入侵荷兰时，荷兰东印度公司实际上已经完蛋了。公司的死亡比它的诞生更难确定，这是由于它只是名义上苟延残喘了一段时间。但是，拿破仑占领荷兰，或多或少结束了荷兰东印度公司作为世界历史力量的地位，尽管印度尼西亚直到20世纪一直处于荷兰的控制下。

如果这些技术可以被用于个人或公司的生命书写，那么存在论能从中学到什么？它可以学习一些基本的教诲，这些教诲一开始可能听起来微不足道，但实际上是非常有趣的。首先，尽管欧陆哲学最近倾向于关注事件而非对象、关注动词而非名词、关注动态而非静态，但我们无法完全用连续理论来解释生命书写。我们需要亚里士多德的《形而上学》，而不是他的《物理学》。并不是所有发生在荷兰东印度公司身上的事情都能改变它，这意味着在它的历史中，重大的和偶然的变化与事件是有区别的。虽然每个事件都会对外界产生影响，但只有少数事件会对荷兰东印度公司本身产生影响。它征服了许多岛屿，但大多数征服仅仅导致了利润的定量增长，也导致了荷兰东印度公司和本土力量的死亡数的增加。只有三次征服真正改变了公司的性质：1619年搬到巴达维亚，1623年在安汶屠杀英国军队，1641年在马六甲征服北部海峡。这三个事件，而不是其他事件，确立了荷兰东印度公司的基本地理轮廓，以及它压制竞争对手的典型暴力方式。荷兰东印度公司与一个目标的共生关系是，它从大型远洋船舶转向了专为亚洲港口贸易设计的小型船舶。否则，荷兰东印度公司就只能由另外两个共生体不可逆转地进行定义：给予公司总督政治自主权的决定，以及科恩在军事力量支持下的激进的垄断贸易模式。虽然每一种共生关系都需要与外部环境中的某物同化或结合，但每一种共生关系的作用都是将公司与环境隔离开来，使其在行动上有更大的自主权。一旦公司的性质以这些方式被永久地建立起来，它进一步发展的余地就被封闭了，就像在某个年龄的人身上发生的那样：我们进入了一个上升的时期，接着是一个下降的时期，然后是一个死亡的时期。

尽管最近主流的理论想要把每一个物体都嵌入它的环境（无论是在其社会、政治或经济条件中，还是在一个历史时代的一般精神中），对荷兰东印度公司的生命书写告诉我们，一个人或非人的实体，其最佳的生存方式是减少其针对外部事件的脆弱性。与鼓励连续性和互利交换相反，连续内共生理论向我们展示了共生是多么罕见，影响我们的事件是多么稀少。包括我们每一个人在内的每一种实体能够生存下来都要感谢防火墙，它阻止了我们被每一阵风吹向四面八方。简而言之：离散性大于连续性，与环境的交流次数有限，这些因素造就了一个物体。还有一个发人深省的教训：没有什么东西可以永远适应环境，成功的种子就是最终导致衰落的种子。齐泽克喜欢引用理查德·瓦格纳的歌剧《帕西法尔》（*Parsifal*）中的一句话：只有伤害你的剑才能治愈你。①但反过来说至少也没错：你将被治愈你的剑杀死。从这个角度来看，衰老主要不是一种生物学现象，而是一种生命书写的现象，衰老是由于过度适应了先前不存在的环

---

① Slavoj Žižek, *Tarrying with the Negative: Kant, Hegel, and the Critique of Ideology*, Durham: Duke University Press, 1993.

境而导致的。我想说的是，这对于任何可以对其进行生命书写的实体——个人或公司——来说都是如此。我不打算进一步阐述这个主题，而是来简单地谈谈生物学。

四、生物学

笛卡尔版本的存在－分类学最引人注目的问题之一在于，它没有在人类认知和无意识的死物之间留下任何空间。即使是像猴子或海豚这样高智商的动物也不被认为比机器好多少。虽然我们没有办法进入动物的头脑，并证明笛卡尔是错的，但这种把动物当作机器来对待的做法，似乎与我们的经验截然相反，不会有人觉得它有说服力。因此，哲学家们有时会努力扩展分类的模型，在思想和物质之间添加了一种叫作"生命"的东西。

我想到的一个尝试是海德格尔1929—1930年著名的讲座课程《形而上学的基本概念》①。在这个课程中，海德格尔把石头称为"无世界的"，把人称为"塑造世界的"，而把动物放在中间，称之为"缺乏世界的"。尽管海德格尔给出了许多关于蜜蜂的有趣例子，但到最后，我们对"世界—缺乏"的含义仍知之甚少。不仅如此，尽管将动物王国作为人的思想和死物之间的第三个特殊区域是对仅仅接受思想和物质的分类学的改进，可这只是对问题的推延。为什么所有的动物，即使我们假定它们没有被提升到人类的思维水平，也应该被归为一类呢？海豚真的像蛇和蟑螂一样缺乏世界吗？到下一个世纪，我们可以超越现代哲学来衡量我们的进步，看看我们在处

---

① Martin Heidegger, *The Fundamental Concepts of Metaphysics: World–Finitude–Solitude*, trans. W. McNeill and N. Walker, Bloomington: Indiana University Press, 2001.

理动物王国的内部差异而不仅仅是动物和我们之间的差异上还能有多大的进步。我已经提出了与连续性相对立的离散性问题，这一问题与生命书写有关。至于生物学，也许它对哲学现代主义的最大挑战在于，它暗示的不是生命的连续体，而是无数不同层次的感知和感觉。就像生命书写一样，生物学不像从一种生命形式到另一种生命形式的无数次小的量子跳跃那样显示连续性。哲学必须学会认识到这一点，并且发展出描述它的方法。

之前我提到了进化生物学家马古利斯，她的连续内共生理论是我写那本关于荷兰东印度公司的书的灵感之一。由于共生现象只是偶尔发生而不是经常发生的，这一现象对达尔文的进化论提出了挑战——达尔文认为，进化是在漫长的时间里缓慢发生的。另一个挑战来自埃尔德雷奇和古尔德的间断平衡理论，而原因是不同的。他们反对所谓的"物种渐进主义"（phyletic gradualism），这是他们指称达尔文的缓慢进化模型的术语。由于化石记录中的许多空白总是被宗教原教旨主义者所利用，渐进变化的经验证据不仅是有限的，而且几乎不存在。埃尔德雷奇和古尔德受到了异地物种形成理论（theory of allopatric speciation）的启发。异地物种形成理论认为，当一个旧物种中的一部分在地理上变得孤立时，新物种就会产生，这个地方通常是在旧物种所占领地的边缘，与该物种其他成员的基因流动在此被阻隔了。[1]来自捕食者或环境的特殊选择的压力开始作用于这个孤立的亚种群，它因此成为一个完全不同的物种。新物种也许最终会迁徙回它祖先的领地，消灭原始物种。这将有助于解释为什么在化石记录中，间隔比连续的过渡更常见。也许并不是生物物

---

[1] Ernst Mayr, *Populations, Species, and Evolution: An Abridgement of Animal Species and Evolution*, Cambridge: Harvard University Press, 1970.

种之间的每一次跳跃都大到足以引起哲学家们的兴趣，但肯定会有很多这样的跳跃能够挑战现代哲学的假设，即死物和人之间或动物和人之间的跳跃是唯一重要的跳跃。我们需要寻找更复杂的方法来"量化"现实。

海德格尔并不是唯一一个试图通过将现实分裂为三部分——没有思想的石头、缺乏世界的动物以及塑造世界的人类——来改进笛卡尔的二元论的人。梅亚苏在他的博士学位论文《神不实存》(*L'Inexistence divine*) 中也做过类似的尝试。[①] 梅亚苏相信，现实的几个阶段都是完全偶然发生的，没有任何理由。他补充说，哲学上的活力论过于坚持的生命形式的不同只是程度上的不同，而世界实际上是由几个重要的跳跃构成的，他称之为"来临"(advents)。不幸的是，他的大部分模型都非常传统。他认为存在着从物质到生命、从生命到思想的跳跃，以及从思想到上帝的显现的跳跃和正义世界的开端。这最后一步是新颖的。但除了最后一步，这个模型与海德格尔的没有太大不同。在物质和思想之间添加生命当然是积极的一步。但生物学对存在论的挑战在于，各种生命的存在不能以渐进主义或连续统一体的方式相互联系。要公正地对待哲学中的生命，我们必须从亚里士多德的物理学过渡到他的形而上学，从连续回到离散。

[①] Quentin Meillassoux, "Excerpts from *L'Inexistence divine*," in Graham Harman ed., *Quentin Meillassoux: Philosophy in the Making*, Edinburgh: Edinburgh University Press, 2015, pp. 224–287.

尼采与人类消纳形式①之未来
——电信时代②的生命和生命体

［法］芭芭拉·斯蒂格勒

喻在洋 译　余明锋 校

旨在联结地球上每一个人的新型通信技术并非如人们通常所认为的那样，直到第三个千年肇端③的时刻才开始爆发。而这实际上发生在一个多世纪以前，发生在19世纪的后三分之一和其间的工业革命中，而那正是尼采的时代。我们不妨回顾一下若干时间点：1844年，尼采出生，电报也在这一年问世；1872年，尼采进入哲学领域④，正值电报通信网络的爆炸式发展，这种发展给世界带来了巨大的影响。在电报发展的同时，铁路也在发展。伴随着这两项新事物，大众印刷或英文所谓"mass media"［大众传媒］也在爆发。在

---

① 标题中的"incorporation"殊难达译，对应的是德语词"Einverleibung"［容纳、归并、吸收］，有"纳入己身""化为己有"之意。在哲学上，这个词指的是生命体消化外在要素将之吸收为自身一部分的过程。作者也用了"digestion"［消化］一词，并以之为incorporation的一个环节。为表对应和区分，试译为"消纳"，含"消化""纳为己有"之义。又，中医有"纳差"之说，"消纳"或可略表这个词语的身体性含义。标题直译为"尼采与我们的诸种消纳形式的未来"，翻译上做了简化处理。——校注
② "Telegraph"本义为"电报"，字面义是"电子书写"（tele-graph）。作者用这个词既在狭义上指电报的发明和广泛使用，也在广义上指信息的飞速传播，故译为"电信时代"。文中亦根据情境译为"电报"或"电信"。——校注
③ 即21世纪初。——校注
④ 尼采的处女作《悲剧的诞生》出版于1872年初。——校注

尼采看来，所有这些现象都是全新的，且非常难以理解："我们听到电报的敲击声，但我们并不理解它。"（1877年遗稿，22［76］）"报刊、机器、铁路和电报作为前提，无人敢从其出发为下个千年得出结论。"（《漫游者及其阴影》，第278节）我的报告要提出的假设是：尼采于1881年提出的著名的永恒轮回思想，可以被看作对由媒介引起的新形势的新回应。当柏拉图的永恒世界（古希腊语中的"aïôn"）和圣保罗的新永恒——在那里，死者的灵魂被认为是如其自身那般被永久地保存着的——开始土崩瓦解，永恒轮回的思想试图不再将永恒和时间相对立（如形而上学和基督教所做的那样），而是将永恒和时间本身联系起来。由大众媒介的爆发所开启的时代，应和着历史的加速以及一个一切皆流的过程，一切都失去了所有形式的稳定性，并创造了"万物皆流"的启示（1882—1883年遗稿，4［80］）。问题在于，这种对绝对流变的启示也开启了一个新时代：虚无主义的时代。通过摧毁永恒世界的构想，这个时代同样在消解着稳定的本质、不朽的灵魂和最高的价值。从现在开始，这些都被宣判贬值。但虚无主义的时代同样破坏了由现代生物学所描述的生命自身所需要的条件。在尼采看来，这些条件不仅暗含着一种不断的演化、一种对生成之绝对流变的呈现，而且还暗含着一种流变的稳定化和混乱的结构化。

19世纪末，一个灵魂不仅暴露于历史的混乱矛盾之中，而且暴露于自身和内部的矛盾之中。电报和报刊迫使我们的灵魂将巨量不同的和矛盾的兴趣整合在自身之中："过去经过几代人达至稳定持久的存在者所用的办法是：对先人的崇拜（诸神和英雄信仰源于祖先崇拜）。而今天，我们有着截然相反的趋势：报纸（代替了每日祈祷）、铁路和电报将大量不同的兴趣集中在同一个灵魂之中。出于

这个原因，灵魂必得非常强大且能够自我转化。"（1884年遗稿，25
[210]）内在混乱的增加迫使现代的灵魂要远远强大于过去的灵魂。
如何通过消纳大量的流变和其中的矛盾来保持同一性？这是一个
问题。

我需要在此强调，在尼采看来，消纳（incorporation）或德语中的
"Einverleibung"［容纳、归并、吸收］是生命和生命体的主要原则。
活着意味着能够消纳，消纳意味着能从外部获取一些东西并将其放
入内部，将这些东西转化为新的活体元素，正如营养、消化和新陈
代谢以及感知、思维和记忆一样。在这种情况下，人们可以设想，
伴随着媒介的爆发，消纳的能力在增长，且生命的能力也在增长。
这是20世纪美国媒体理论家马歇尔·麦克卢汉（Marshall McLuhan）
所坚信的，他在尼采之后的几十年说："在电力时代，我们的中枢神
经系统靠技术得到了延伸。它既使我们和全人类密切相关，又使全
人类包容于我们身上。我们必须要参与自己的每一个行为所产生的
后果……一切社会功能和政治功能都结合起来，以电的速度产生内
爆，这就使人的责任意识提到了很高的程度。"[①]与此相反，尼采描述
了一种致命的回返，揭示了麦克卢汉对此状况的判断实属天真。麦
克卢汉天真地认为，通过对神经中枢系统电子式地延伸就足以提高
同情心和责任感。但事实上，悖谬之处在于，在反方向上，人们的
消化能力被这种延伸削弱了："这种涌入的速度是一种最急板的速
度；印象被抹掉了；人们本能地拒绝接纳、深化某个东西，拒绝
'消化'某个东西——其结果是消化能力的削弱。于是就会出现一
种适应，对这样一种印象堆积的适应：人荒疏了动作；他只还从外

---

① 中译参见马歇尔·麦克卢汉：《理解媒介——论人的延伸》，何道宽译，北京：商务印书馆，
2000年，第21—22页。——译注

部对刺激做出反应……自发性的深度被削弱了。"①（1887年遗稿，10［18］）为解释此文本，我必须指出，存在于消纳中的真正的消化意味着，有机体将外在元素吸收进自身的组织内。但这也意味着，外在元素迫使有机体去重组自身，强迫其自发地形成新的组织。尼采认为，这种持续地对自身重组的例子就是记忆，这是消纳的另一种表述，是生命体的原则。电信时代的问题源于节奏的加速：流变的速度变成了最急板。而这种情况的第一个后果是适应（adaptation）占据了主导地位，这是达尔文主义的中心思想之一。尼采认为，适应是消纳的对立面，消纳意味着我们的记忆的不断重组，然而适应则创造了同质的大众，他们随时准备顺从于一切情况。在虚无主义时代，过量的改变持续不断地发生在我们的有机体的表面、皮肤的表面。但在我们记忆的深处，无事发生。

悖谬之处在于，这种新的媒介理应能够让我们感受和觉察到那些距离我们很远的事物，实际上却摧毁了消纳遥远之物的途径。这种毁灭同时发生于制造者和接收者两个方面。对于寻求与事件的即时联系的制造者而言，我们有着对于直接性的幻象，这种直接性是不切实际的，因为"媒介"（media）这一术语本身在逻辑上就处于"直接"（immediation）的对立面。这种幻象给接收者带来一系列毁灭性的后果，如"热"（hot）反应（产生虚假的热量）、狂想的一系列冲击（产生虚假的同情和虚假的记忆）："同情的增加……但可以说只是表层的有趣；一种根本的冷漠，一种均衡，靠近薄薄的表层下面的一种固定的低温，而在这个表层上面有温暖、运动、'风暴'、波浪的嬉戏。"②（1887年遗稿，10［18］）此处的观点是，这些新形式

---

① 中译参见尼采：《权力意志》，孙周兴译，北京：商务印书馆，2017年，第529—530页。——译注
② 同上书，第530页。——译注

的同情和记忆是彻头彻尾的肤浅。在皮肤的表面，一切都是富有激情和运动的；但在我们记忆的深处，一切都是冷漠和不变的。

由此开始了一种对于过量的流变和事件的错误阐释。被报刊（之后由视听媒介所继承）报道的事件都只是些冲击，而没有真正地被消纳进记忆中，也因此永远无法成为我们的有机体的组成部分。这就是为什么个体必须拒绝它们之为事件的状态。能保留在记忆中的事件是以循环的模式被时间化的，而这是永恒轮回的中心思想。这项任务十分艰巨（如尼采所言，当代的灵魂不得不极其强壮），它必须由历史学家、作家和艺术家，由这些能够用时间去塑形和组织流变的人共同进行准备，去承担一份消化和消纳的长期工作。这种工作便是尼采所谓的"语文学"（philology），即对过去的文本及其现实性的热爱。

尽管尼采主张媒介应当被置于艺术和它消纳的技艺的权威之下，但现实恰恰与之相反。尼采时代的浪漫主义和瓦格纳艺术可以让其自身逐步地被一种最急板的媒介所支配，被它的冲击美学（shock aesthetics）和它对绝对流变的模仿所支配。在绝对流变中，所有的形式和特性都被消解了。依尼采所言，除了艺术家的作品之外，一切文化、教育、培训的机构都允许其自身被冲击美学所支配。在生命的历史上，我们缓慢消化流变的复杂而精致的手段，第一次受到全方位的以速度、直接和对事件的反应为名的攻击，它们都致力于生产电气化和无组织的身体。在这种新形势下，不再有任何事情对我们发生，尼采深信这已然变得可能。在尼采看来，这种可能性将一个沉重的责任放置于我们面前：通过重组接收流变的媒介形式，以重组我们自身。这就是尼采所认为的大政治的教育使命。这一使命要求事件的真实历史（而非一系列碎片化的冲击与消解）仍然可能对我们呈现。

　　虚无主义时代盛行的时间观摧毁了生命体的原则，即尼采所认为的有机记忆。记忆在有机体内组织流变，并容许它们的个体化。各个生命体之间之所以是有差异的，是因为它们总是以不同的方式组织发生在其身上的事情。电信时代的问题是，伴随着节奏的加速和超量的刺激，消纳的能力在被逐步地破坏。它摧毁了过去，系统性地将其遗忘；也摧毁了未来，系统性地阻止其到来。它唯一的优点在于瞬间性的自我封闭。这就是尼采所说的末人（last man）时代。末人和自身之前和之后的东西没有任何联系，忽视了所有和流变有关的责任。与之相反，回返的狂喜瞬间意味着在消纳上最大限度的努力，它自身就能保证我们的记忆和永恒之间的关系。这就是流变的永恒轮回。它意味着能够消化和消纳我们的历史的所有部分，正如我们在"用心"理解一个音乐的片段时所做的那样。当我们记住一些音乐，用心理解了所有音符，且当我们真正将其消纳为我们的一个部分时，我们爱它们，并想要它们以同样的顺序永恒轮回：

　　　　我们必须学习热爱，这是我们在音乐中碰到的：我们首先必须学会倾听一个音型和旋律本身，努力听出什么来，区分之，把它当作一种自为的生活加以孤立和界定；进而需要努力，需要善良意志，去忍受之，尽管有其陌异性，仍然对其目光和表达保持忍耐，对其任何奇异之处持以仁慈态度：终于到了一个时刻，我们习惯于它，我们期望它，我们猜度，缺失它时，我们就会需要它；于是它继续不断地发挥其强制力和魔力，直到我们成了它恭顺而狂喜的爱人，除了它还是它，不再要求世界有什么更美好的东西。（《快乐的科学》，第334节）

形式、顺序、结构是非常重要的（注意此段引文中的动词）。伟大的音乐并非如浪漫的瓦格纳音乐一般用雪崩式的强烈冲击影响我们，后者只懂得直接和绝对的流变，而完全忽视了在我们的身体中消纳流变的有机条件。伟大的音乐通过学习我们的记忆，以实践一种更深、更广的消纳，它包括形式、结构、清晰的边界或界限。这就是为什么永恒轮回的音乐体验是混乱的浪漫式放纵的对立面，这也是尼采最终以生理学的观点反对瓦格纳音乐的原因。浪漫主义艺术跟随最急板的媒介化生成的幻象，及直接和无条件地通往流变带来的幻觉，而尼采呼吁我们的教育机构重新接受由新媒介带来的技术可能性，以用它们生成新的消纳器官。在此意义上，尼采的确是第一个试图思考媒介的哲学家。其哲学尝试的创新性在于，它是首次从生物学和生命科学的观点中得来的。在电信时代，社会中盛行的是适应性行为，它只被动地对流变带来的冲击做出反应，而从不在记忆中组织它们。这就是为什么，"适应"是进化理论的核心概念之一。去适应在此意味着立即服从于不断变化的环境，而没有任何在生命体中对流变的消纳和重组。这就是为什么尼采反对达尔文主义在生命科学领域的统治，后者是关于营养、消化和新陈代谢的生理学的对立面。这也是尼采反对即刻适应流变的原因。他主张记忆的必要中介，这种中介因人这种动物而成了技术中介，人类由此得以消纳（在时间和空间上的）极遥远之物。这就是为什么，尼采的消纳生物学意味着一种媒介哲学，也意味着一种关于我们的教育机构的哲学。在尼采看来，这种新的哲学使命决定了人类消纳形式的未来，也决定了生命本身之诸条件的未来。

关于生命的技术哲学思考

吴冠军

引言　生命与技术：一个当代的交叉？

随着"阿尔法狗"（AlphaGo）连败人类顶尖棋手并引爆媒体，"人工智能"以强大的智能形态，出现在了人类文明的地平线上——在处理数据上，在深度学习上。人工智能已然使人的"生物化学算法"望尘莫及。与之相伴随地，如下观点越来越得到认可：人工智能被视作一种新的"生命"（"硅基生命""生命3.0"……）。

物理学家、人工智能专家迈克斯·泰格马克（Max Tegmark）把"生命"界定为"一个能保持自身复杂性并能进行复制的过程"。根据这个界定，人工智能不仅是生命，而且是比人"版本更高"的生命：作为文化生命的人（能自己设计其"软件"）高于纯粹的生物生命，但却不及正在到来的技术生命（自己设计"硬件"和"软件"）。不管是否接受泰格马克那极具挑战性的观点，我们至少已经清晰地看到：生命与技术，在当代发生了交叉（crossover）。

也正是生命与技术的这个交叉，使得"什么是生命"重新成为一个关键性的问题——在争论人工智能是一种技术对象（technical object）还是代表一种新形态的生命（技术生命）时，人们不得不返过头来重新探讨"生命"是什么。

一、推拒死亡（热寂）的持续努力

马丁·海德格尔在其关于"此在"（人）的论述中提出，人能意识到自身"向死存在"（being-toward-death）的本体论状况，并意识到自己的死亡没有别人能代替，是其"最自身的"。海氏的关键论点是：恰恰是对死亡的预期，使人能够在有限的可能性中进行本真的选择，从而使自身成为一个整全（whole）。

海德格尔的论述，实际上对生命做出了一个实质性的分疏：1. 能够设计自己本真生活的文化生命；2. 无法做到这一点的生物生命。而在海氏看来，一旦去除掉对死亡的意识与预期，人这种文化生命就下降到生物生命，同其他生命不再有本体论差异；这是因为，所有生命，都是朝向死亡存在着的。生命，在定义上（by definition）就意味着对死亡的推后：所有生命都时刻在为延迟自身的最终消亡之到来而努力着；一旦它停止这个努力，它也就不再处于生的状态了。

对死亡的推后，是生命在逻辑意义上最精确的定义。然而，我们需要在这个定义中填入更进一步的分析性增量，以获得对生命更丰富的理解。比海德格尔大两岁的理论物理学家、诺贝尔奖得主薛定谔在其初版于1944年的著作《什么是生命？》中提出：生命尽管体现了从有序走向无序——不可逆地走向死亡——的熵增过程，然而它"以负熵为食"，从而维持低熵状态；亦即，通过汲取负熵来推后死亡。薛定谔写道：

> 一个活着的有机体持续性地增长它的熵——或者可以说，生产出正熵——并因此逐渐趋近于最大熵的危险状态，亦即，

死亡。唯有从其环境中持续地汲取负熵，它才能够避开死亡，亦即，活着。故此，负熵是十分正面的东西。一个有机体赖以为生的，正是负熵。或者，以不太吊诡的方式来说，在新陈代谢中最根本的事，就是有机体成功地消除当它活着时而不得不生产出来的熵。

在薛定谔看来，生命了不起的地方就在于，它能从环境中汲取"秩序"（负熵），来抵消自己的熵增，从而让自己保持在一个相对固定和低熵的水平上。这就有力地解释了我们司空见惯以至于很少去思考的如下现象：要维持生命，就必须进食。实际上，进食就是增加负熵的过程——生命体摄入较有秩序性的东西（不管是水果、蔬菜抑或是动物的肉），而排出熵高得多的排泄物。故此，在薛定谔那里，生命与非生命的根本性区别就在于，前者具有"推迟趋向热力学均衡（死亡）的神奇能力"。

熵增是热力学第二定律：一个孤立系统的混乱度（熵）只会增加不会降低，直至抵达最大值（亦即死亡）。宇宙中的熵达到最大值，就是"热寂"（heat death）——热寂是彻底的均质状态，充满无序的变动，但不再有差异化的变化与流动，不再有可用能量可供做功。一切生命在该状态中都不再可能，因为没有任何负熵（即可用的"自由能量"）可供汲取。每一个生命作为一个有序系统，皆遵守熵定律而不断熵增（亦即走向死亡）；但它却能积极地使自身不被"孤立"——生命能够主动从外部环境中持续地获取负熵性的能量，从而维持自身的"内稳态"（homeostasis），不断推迟自身的死亡，持续地"向死而生"。一滴墨水滴到水池里，其内在的碳颗粒就会从原来的相对有序状态迅速扩散开来，变得越来越无序；而人跳进游泳池中则没有发生这种迅速熵增的情况，因为生命强行使所有粒子保持住一个复杂秩序，并为此时刻消耗能量（负熵）。人死后会腐烂，就是因为不再有生命通过各种方式（如调用诸种免疫细胞）去阻止无序化。薛定谔的分析让我们看到：没有负熵性能量的持续输入，任何生命都不再可能。生命本身，就是持续性地制造（局部性）熵减、维持低熵秩序的有组织（organic，有机）努力。

薛定谔让物理学与生物学发生了关键性的联结。而在我看来，薛定谔这项关于生命的创基性研究，恰恰也打开了一个重新思考"什么是技术"的进路——生命与技术，绝不是在今天的人工智能时代才发生交叉的。

让-弗朗索瓦·利奥塔拒绝把技术视作人的"对象"。在他看来，情况完全相反：人只是技术自身发展的一个载具，"发展不是人类做出的一个发明；人类是发展的一个发明"。由此清晰可见，尽管并未系统性地主张"物皆行动者"（这是行动者网络理论之核心主张），技术（发展）被利奥塔放置在行动者的位置上。

更具争议性的是，利奥塔主张技术彻底溢出人类文明的边界：这个"非人"造就了人类（及其文明），而非相反。对于该主张，利奥塔写道：

> 技术—科学系统的发展已清晰地展示了，技术和围绕技术的文化的崛起是由一种必然性促成的，这种必然性必须指（负熵的）复杂化过程，而这个过程发生在人居住于其中的宇宙区域内。可以说，人类是被这个过程提拉着前进的，而完全不具备一点点掌控这个过程的能力。它不得不适应诸种新状况。甚至很可能，贯穿人类的历史从来就是这么回事。如果我们今天

开始意识到了这个事实,那么这源于影响着科学与技术的那种指数级成长。

利奥塔把技术同一种必然性联结在一起,这种必然性就是负熵的复杂化。负熵的复杂化使得技术不断发展,而这个发展过程"自地球存在就开始了"。人类文明的发展,只是被这个必然性"提拉着前进";换句话说,整个人类都被这个复杂化过程所统治。

我们可以进一步把利奥塔那非常"后人类主义"的技术论同生命做一个进一步的联结:技术的必然性,实则同生命的必然性直接交织在一起。当第一束太阳光照射到地球上,其负熵性能量——因地球在太阳系中所处的位置以及其他各种因素——就可能参与乃至促生了某种复杂化过程,而生命则正是这个过程的核心产物。当代物理学家杰里米·英格兰(Jeremy England)提出了耗散驱向的适应(dissipation-driven adaptation)理论:任何粒子的随机聚集,都会开始组织起从环境中尽可能有效地汲取的能量。譬如,暴露在阳光下的一堆分子会趋向于组织起来以更好地吸收阳光。这就意味着,尽管在地球上出现生命是我们已知的宇宙中的唯一例况,但只要条件恰当,生命就会产生。地球上出现生命的一个关键因素便是其在宇宙中所处的位置,阳光中的负熵性能量得以被较高程度地吸收。

在制造局部熵减(负熵的复杂化)的意义上,我们可以提出对技术的这样一种理解:技术就是对抗必死性与有限性的持续努力,这个努力甚至不是始自人类文明。我们完全可以把人脑这种复杂的器官理解为技术的一个巨大成果——人脑就是一个技术装置,尽管它不是一个人工的(artificial)技术装置。将技术界定为"努力"(endeavor),就是分配给了它能动性(agency):技术不再是人类主义框架下的对象，而是和人一样的能动者。在我看来，利奥塔对技术哲学的贡献就在于：他把技术和负熵联系在了一起。作为对抗必死性与有限性的持续努力，技术及其发展指向了一种独特的复杂化过程：努力推进低熵秩序的复杂化，为该过程有效地输入负熵性能量，并不断增强这种有效性。在阐释技术的这种努力所产生的效应时，我们可以引入另外一位思想家的核心术语，那就是雅克·德里达笔下的"延异"（différance）——技术努力地 1. 延后死亡；2. 生产差异。差异化是技术引入负熵的重要方式。差异化不断地突破既有的有限性框架，推动了负熵的复杂化过程。生命在技术的加持下，更强有力地使自身稳定在低熵水平上；也就是说，更有效地推迟死亡，并生产差异。

薛定谔在生命维持自身的意义上提出，"负熵是十分正面的东西"。实则对于所有系统而言，负熵（及其复杂化）都是十分正面的东西。任何一个系统能够长期稳定地存在，都是有负熵性的能量在支撑；这也就是说，宇宙间的任何一个系统（稳定的低熵秩序）背后都有某种技术力量在加持。正是在这个意义上，技术不但激进地越出人类文明的范畴，并且越出生命（一切有机体）的范畴。并非人类创造出技术并不断地推进其发展；而是相反，技术使得生命成为可能，进而使人的生命与文明成为可能。借用利奥塔的说法，技术是彻底"非人"的。在利奥塔的眼里，从生命的趋利避害（最原始的本能）到由理性经济人构成的现代社会（文明的高级结晶，甚至标识着历史的终点），实际上皆由负熵的复杂化过程推动。"这个运动的'终极'马达根本上并不是人类欲望的秩序：它存在于负熵的过程中，该过程显现并'作用'于人类栖居的宇宙区域中。我们甚至可以说，追逐利润和财富的欲望毫无疑问就是该过程自身，它作用于人的大脑的神经中枢,并由人体所直接体验到。"我们可以接续利奥塔进一步提出:在现代文明中被正当化的"追逐利润和财富的欲望"实则意味着,个体生命向外部汲取负熵的形态被以价值(道德价值/政治价值)的方式肯定了下来,并在自由主义—资本主义结构中得到制度化。但此处更为关键的是,利奥塔先锋性地提出了一个激进的后人类主义命题:人类文明实际上和人无关,其发展的"马达"是彻底非人(技术)的。

进而,我们可以在薛定谔与利奥塔的基础上提出如下激进命题:生命本身(不仅仅是升级成文化生命的人类)就是一种技术之复杂化发展的产物。这意味着,生物演化(biological evolution)便可被视作技术自身的复杂化发展:1. 在这条漫长的道路上,生命推延其死亡的能力不断提升;2. 而就生产差异而言,生物生命的基因突变、有性繁殖实则皆是强大的技术。在这条演化道路上获得关键性"技术升级"的人类,则不仅具有生物基因层面的差异化能力,更能够有意识地——海德格尔笔下的"本真地"——去主动改变自身的生命/生活(甚至做出激进的改变):学习一个新知,决定买一套新衣服,甚至换一个工作,都是主动进行生命/生活的差异化。

此处,很有必要进一步引入比薛定谔年长七岁的物理化学家阿尔弗雷德·洛特卡(Alfred Lotka)的论点。洛氏认为,人的独特性就是在生物性演化之外进一步发展出了体外演化(exosomatic evolution)。正是智人而非其他物种,有效推动了器官的"体外化":狮虎的爪牙之利(皆为体内器官)使其在食物链上前排就座,而当走上体外演化道路的人能够拔出利剑甚至掏出手枪时,狮虎的位置就要向后挪了。体外器官实质性地改变了人原本的生命状态:生物生命是一个体内器官的自调节聚合体,而技术进一步发展,把体外器官"组织"（organize，器官化/有机化）了进来，拥有人工器官的人类因此成了某种超级生命（或者说，升级为"生命2.0"版本）。人不只拥有生物演化的体内器官，并且拥有智能设计的体外器官：一本书（知识的体外存储）、一辆车、一座城市（甚至是智慧城市）都是体外器官。把生命视作技术的产物（而非相反），诚然是一种后人类主义视角，但正是在这种视角下，人恰恰成为技术发展的一个至为关键的环节——人使得器官的体外化成为可能。在洛特卡眼里，人化（hominization）就是体外化。

从这种后人类主义技术哲学的激进视野出发，我们便进一步得出如下论题：泰格马克将人工智能称作技术生命；洛特卡视拥有体外器官的人为技术生命；而实际上，所有生命皆为技术生命。生命本身就是技术发展的一个产物；人以及人工智能则可被视作技术进一步的关键发展（或者说，技术生命的重要迭代）。人因拥有体外器官、能够本真地开启差异化——吉尔伯特·西蒙东笔下的"个体化"——而成为"生命2.0"；而人工智能这种人工的体外器官在当代所发展出的形态（专用人工智能），已可被视作开启了一个独特的复杂化过程（软件层面的机器学习，硬件层面的芯片迭代），故此有潜能被理解为一种全新的生命形态（"生命3.0"）。

人工智能（如"阿尔法狗"）不断地战胜人脑，这不正标识着：人脑正在沦为技术的一个"阶段性成果"，该成果已经生产出了可以淘汰自身的最新成果？而人工智能的机器学习则意味着，它具备进一步淘汰自身的能力，正如"零度阿尔法狗"（AlphaGo Zero）彻底淘汰各个版本的"阿尔法狗"所展示的那样。并且，在对抗必死性与有限性上，人工智能比人要强大得多。在这个意义上我们可以说，从人到人工智能，技术正在经历一种实质性的发展。

二、关于生命的技术哲学问题：你做了什么？

从以上所分析的后人类主义技术哲学出发，地球这个行星本身也可被视作生命。实际上，地球被视作生命，已经是一个重要的科学假说了。

大气化学家詹姆斯·洛夫洛克（James Lovelock）于20世纪70年代提出著名的盖亚理论（Gaia theory）：大气并不只是生命赖以存在的环境，而是生物圈（biosphere）的组成部分；而地球之生态系统，可以被看成一个自调节的"超级有机体"。换言之，地球本身是一个"活着的行星"，洛氏用古希腊神话中的大地之母盖亚来指代它："我们的行星整个地不同于其死的兄弟马尔斯（火星）与维纳斯（金星）；就像我们中的一个，它控制其温度与组合方式以始终保持舒适。"之所以盖亚是"活的"而马尔斯（火星）是"死的"，是因为后者的大气处于化学均衡状态（这意味着熵很高），而前者的大气处于化学非均衡状态。地球上这种相对低熵的非均衡状态能够一直被维系，意味着存在着能动性力量在进行维持——本文把这种能动性力量称作"技术"，而洛夫洛克则把该能动者称作"超级有机体"。

任何一个能自我维持的系统（低熵秩序）都既是1. 局部性的，同时是2. 开放的（与更大的外部环境相通），并且是3. 必死的（只在一个时期内是可持续的）。这种局部的低熵秩序，就是西蒙东所讲的"个体化"。而开放的局部秩序总是倚赖更大的局部秩序而存续，这种更大的局部秩序便是通过"集体性的个体化"（collective individuation）而形成的。盖亚就是行星尺度上的集体性个体化——无数能动者形成了盖亚。用吉尔·德勒兹的术语来说，盖亚便是一个"能动性的聚合体"（agentic assemblage）。

当我们把技术理解为对抗必死性与有限性的持续努力，进而把有机体理解为技术的一个产物时，盖亚便可以被视作技术发展（负熵的复杂化）的一个产物——作为超级有机体，盖亚致力于维持负熵性的行星秩序。盖亚所囊括的无数能动者（各个物种以及大气、海洋、岩石、阳光，等等）的互相触动（affect），使得它成为一个"活着的行星"。我们可以用一个借来的概念来形容盖亚，即"作为地球的技术"。但问题恰恰在于，在最近的一段时间内，盖亚的"健康"却正在快速下降。无数以"人类"为自我标签的能动者的行动，在全球范围内对长期以来维系行星相对低熵状态的能动性力量产生了深层次且毁灭性的影响（一个明显的标识便是，生物多样性快速下降，大量物种在消失）。这段"最近"的时间，于是便被不少学者单独划出来，命名为"人类世"（Anthropocene）。

"人类世"这个概念因诺贝尔奖得主、大气化学家保罗·克鲁岑（Paul Crutzen）写于2000年的《我们已进入"人类世"？》一文而进入学界视野。在克氏看来，工业革命以降（尤其是自1784年瓦特发明蒸汽引擎以来），人类对这个行星的影响是如此之大，以至于这一时期构成了一个独特的地质学纪元。过去十几年间关于"人类世"的讨论不断升温，但有关它所涵盖的时间段仍存在争议。尤瓦尔·赫拉利在《未来简史》中主张，"人类世并不是最近这几个世纪才出现的新现象"，而是应收纳包括"全新世"（Holocene）在内的最近七万年，"在这几万年间，人类已经成为全球生态变化唯一最重要的因素"。亦有多位学者主张，人类世应该对应过去四分之三个世纪，因为1945年之后技术发展的"大加速"（great acceleration）剧烈地改变了地球的生态系统。这些争议，使得"人类世"这个概念至今仍未被地质学界正式采用。

在我看来，尽管"人类世"作为一个精确的描述性概念（descriptive concept）尚有诸多欠缺，但却不妨碍它成为一个反思性概念（reflective concept）——这个（准）地质学概念将人类这个物种同地球关联了起来，使我们在行星层面来思考人类的行动及其诸种效应。这个关联性框架使我们反思性地聚焦于人类与地球的彼此触动与影响，从而有效冲破了自然—文化这个形而上学的二元论框架——在人类世的视野下，"自然"变成了一个虚构。彼得·斯洛特戴克（Peter Sloterdijk）提出："人和地球开始了一种新的关系，因为我们不可能再装成自然永恒背景前的唯一主角；自然已经放弃了背景这个角色，自然成为主要的角色。"而布鲁诺·拉图尔则进一步提出：自然不但被迫从背景走到前台，并且在人类世中，整个地球的人工化（artificialization）使得"自然"这个理念同"原野"（wilderness）一样被遗弃，"好也好坏也好，我们进入了一个后自然时期"。在拉氏看来，这就是"人类世"概念的贡献，"只要我们仍保持在全新世内，地球就保持稳定，保持在背景中，对我们的历史漠不关心"。人类世令作为稳定背景的自然荡然无存，并进而使"社会科学与自然科学的区分被彻底模糊化了；自然与社会皆无法完好无损地进入人类世，等待被和平地'调和'"。

"人类世"这个概念不但使自然从背景走到了前台，并且使得"技术"从"科学""政治""经济""道德""宗教""艺术"等人类主义范畴背后走到了前台。进而，"人类世"概念使我们注意到，肉身意义上的人类仅凭其体内器官无从影响地球的面貌；正是技术的发展（尤其是20世纪中叶之后的"大加速"）使得人类具备了这种能力。斯洛特戴克正是在这个意义上声称，人类世中的人类背后站着一个非人类的怪物。技术本身激进地溢出人类主义地平线，但在最近的这个地质学纪元中,人类却正是推动技术发展的主要因素:人的体外器官不断变得强大,终于在人类世时代,人类获得了改变行星的力量。

生命的生物演化不断提升自身维持生物性秩序(个体持存、物种延续)的能力,而技术进一步的体外演化则彻底冲出——终结——了达尔文主义的轨道:体外器官极大地强化了人类从外部环境汲取负熵性能量的能力,与此同时快速推升了外部环境的熵值;而在晚近的人类世,这个外部环境已经覆盖了整个行星("地球村")。盖亚的"健康"(内稳态)已然实质性地受到影响。根据世界自然基金会2014年的《活着的行星报告》,所有人"倘若都以一个美国典范居民的生活样式来生活,我们将需要3.9个行星"。正是在这个意义上,贝尔纳·斯蒂格勒把人类世称为"熵世"(Entropocene)。在这个时期,熵剧烈增加,尤其是生物圈的熵增速度更是急剧加快,"人类世抵达了其生命界限"。在斯氏看来,人类世本身就是"在一个行星尺度上操作的大规模且高速的毁灭过程",而这个"无法生活、资不抵债、不可持续"的困境,在本体-起源学(onto-genesis)上就肇因自体外化——人工器官改变了人的生物性状态。

在前文的分析中,我们将生命本身界定为技术发展的一个产物;而在人类这里,技术发展迈上了器官的体外化道路,这激进地改变了人原本的生命状态。然而,人类世的困境就在于:人类这种"超级生命"实质性地影响到了地球这个"超级有机体"——后者正在快速衰亡;更精确地说,那个作为自调节有机体、能够支撑生命存续的盖亚正在衰亡(地球正在变成和火星一样的死行星)。正是在这个意义上,拉图尔最近强调,我们必须"面对盖亚":由于人类被困陷于近月区域内,"被囚禁在地球微小而在地的大气中",故此我们必须从眼望星空的伽利略转到眼望大气的洛夫洛克。茫茫的星辰大海只是"虚构的场所化";月外行星(supralunary planet)无可企及,"除了这个狭小的星球,你们没有其他栖居地;你们可以在天体间比较来比较去,但永无法跑过去自己亲眼看;对于你们,地球就是唯一的地方"。故此,对于处于人类世中的人类而言,代之以飞向宇宙,拉图尔强调:"行动的地点是下面的这里,此刻。不能永生的人类,不要再做梦!你们无法逃到外太空。"既然在本体-起源学上,人类(以及人类所推动的技术发展)就是人类世/熵世困境的肇因,行动地点亦已确定了,那么,人类又该如何行动?

尽管停止熵增是不可能的,然而采取行动降低熵增速度却是可能的。譬如,集体减少碳排放;又譬如,开展各种更积极的"污染"整治工程。这里的关键就在于,必须"面对盖亚"而行动。这意味着,在人类世,物种意义上的"人类"必须形成政治意义上的"人民",必须在地化地,但在行星层面能形成聚合力地采取行动。拉图尔正是在这个意义上提出,"在人类世时代中生活,就是迫使一个人去重新定义至高的政治任务:你正在通过怎样的宇宙学,在怎样的大地上,形成怎样的人民?"亚里士多德尝言,"人依据自然,是政治的动物"。在亚氏眼里,政治就是彼此群处生活在一起(形成"城市"这种共同体)的能力。而在人类世中,政治不再仅仅指向人类行动者如何彼此生活在一起,而且指向人类行动者在怎样的大地上、怎样的大气中、怎样的生态系统内彼此生活在一起。人不再"依据自然"(by nature)政治性地行动,而是"面对盖亚"——面对"地球同人类行动的诸种反溯行动性关系"——政治性地行动。盖亚和人类一样都是极度敏感的,"对于诸种微小的改变、信号或影响快速地探查到或做出反应"。故此,生活在人类世中的人不能眼中只看到彼此，也必须注意到盖亚是敏感的，"盖亚并不承诺和平，并不保证一个稳定的背景"。盖亚既不如同古典自然那样可以被依据或倚靠，也不如同现代自然那样可以被征服或占用；作为"所有行动者之聚合"的盖亚，是时刻对人们的每一个微小举动（如垃圾分类）做出回应、施以反溯行动的超级有机体。

人类世终结了人类政治（亚里士多德意义上的政治），因为被人类视作理所当然的物理框架已经变得不再稳定——那个单数的、可以被依据或被征服的自然，被敏感的、具有强大能动性的盖亚所取代。在拉图尔看来，"面对盖亚"意味着，"政治秩序现在包括了以前被归属到自然中的所有东西"。拉氏认为，洛夫洛克最关键的洞见就在于，他"把系统拆解为行动者的多样性，每个都具有扰乱其他人之行动的能力"。这使得盖亚理论为地球注入了生气与活力，却不赋予它连贯性：该理论"去理解在什么面向上地球是行动着的，却并没有赋予它一个灵魂；并且去理解什么是地球行动的直接后果——在什么面向上，我们能说它对人的诸种集合性行动做出反溯行动"。拉图尔坚持认为，盖亚具有两大特征：

> 首先，盖亚由诸能动者组成，它们既不去活力化（deanimated）也不过度活力化（overanimated）；进而，同洛夫洛克之诋毁者们所声称的相反，盖亚由如下这种能动者构成：它们并不过早地被统合进一种单一行动着的总体性中。

洛夫洛克—拉图尔的适度活力化的盖亚理论，使我们能够分析和追踪地球上各个能动者之间的关联、互相触动及其诸种效应。生态变异，便是无数人类行动者与盖亚（同样包含无数能动者）之间互相触动的结果。"在这个地球上,无人是被动的。""人重新安排自身周围事物的能力,是活着的事物的一个普遍属性。"在人类世,我们不再问人是什么,而是追问人做了什么。并且,由于"人"从来不是一个总体性概念,而是无数行动者在人类主义框架下自我添加的标签,这使得上述追问进一步变为:既然在熵增向度中无人是被动的,那么,"你"做了什么?

人类世，我们需要一种新的生命哲学①

孙周兴

很高兴第一次来西北大学。我昨天就来西安了，已经在别的学校做完两个报告了，昨天晚上在西安美术学院做了一个，今天上午在西安电子科技大学做了一个。这是今天的第二个报告了。我又不好意思讲同一个报告，所以变着法儿讲一个新的，但大致意思又差不多，都是我最近的一点思考。今天跟大家来做一个关于技术时代的新生命哲学的报告。刚才主持人也介绍了，我的本专业是德国哲学，但最近一些年有一些变化和转移，主要在做艺术哲学和技术哲学。以前我做了非常多的翻译，主要是海德格尔和尼采著作的汉译。但形势有变，翻译（包括学术翻译）以后是机器人的事，用不着我们人力了。所以我得转向，以后不会再把主要精力放在翻译上了。

今天我跟大家讨论的话题可以概括为：我们应该如何来筹划未

---

① 本文初稿系作者应《探索与争鸣》杂志社之约而作，原标题为《我们需要一种新的生命哲学》，发表于该刊2018年第12期。之后做了较大幅度的扩充，于2019年11月1日在西北大学哲学院演讲。进一步的扩充稿于2019年11月19日下午在华东师范大学思勉人文高等研究院报告。最后的定稿（修订扩充稿）以《新生命哲学与生活世界经验》为题提交给同济大学技术与未来研究院举办的"第二届未来哲学论坛·生命科学与生命哲学"（2019年11月23—24日）；此稿收入拙著《人类世的哲学》，为该书第四编第三章，商务印书馆2020年出版。眼下的稿本根据西北大学哲学学院的报告录音整理而成，内容上与《新生命哲学与生活世界经验》不免重复，差不多是后者的"异文"；为保持论坛报告文本的完整性，仍予以刊出。此次修订时，做了较大幅度的删改调整。

来的生命？大尺度地规划未来，这大概是自然人类的基本能力，而且这筹划和规划的工作多半是哲学的事情，哲学理当承担生命筹划的使命。但未来尚未来，充满种种不确定性，我们如何言说未来？因此，今天的话题是我没有想明白的，只是跟大家做一个交流和讨论。昨天晚上和今天上午的报告，我已经想得比较明白了，但现在的这个主题还没有。我的大概想法是，我们需要一种新的生命哲学。当今技术的热点移到了人工智能和生物技术，它们是这几年来大家关注得最多的。随着这两种技术的加速推进，人们产生了莫名的兴奋，同时也引发了忧虑和恐惧。这是为何呢？因为现代技术的最新进展，特别是人工智能和生物技术，已经是"人的科学"，已经触及自然人类和自然人性的根本了。比如说2018年12月深圳的基因编辑事件，引起了全球性的恐慌。原因何在？按说如果把两个小孩的病治好，善莫大焉。有何可怕的？为什么怕？为何连技术专家们都恐慌了？最近，就在上个月，日本媒体突然报道说，日本政府已经批准了一个项目，把人类的基因与动物的基因进行杂交编辑，也造成一番惊吓；但过了两三天，日本政府赶紧出来辟谣，说我们没有批准这个项目。如果人的基因与动物的基因都可以杂交了，那后果就更不知道了。我们对基因编辑感到恐慌，根本原因是我们不知后果如何，后果是不确定的。人类的恐慌起于不确定和未知。所以，今天我们就面临着这么一个严峻的问题：是放任技术彻底改变人类，还是要奋起抵抗技术，维护人性和人性尊严？

说到人类和人性，也是问题多多。什么是人性？有恒定不变的人性和人性要素吗？技术工业改变人类，我们将变成非人了？尼采说超人，我们正在变成超人吗？人类未来何去何从？这些在今天都成了迫切的问题。所以我认为，在所谓的"人类世"，我们必须启动一种新的生命政治或者生命哲学,以回应现代技术带来的挑战和风险,预测技术统治下的人类自然生命的未来演变方向,规划未来文明和未来生命的可能形态,并重建技术统治下人类新生活世界的基本经验。这是我今天要跟大家讨论的。分而言之,我今天的报告主要讨论如下三个问题:1.人类世与文明断裂,或者说地球的人类化与自然人类的非人类化;2.自然人类的颓败与自然人性的沦丧;3.一种新生命哲学构想,其核心任务是未来生命的规划与技术生活世界的重建。

一、人类世与文明断裂

"人类世"(Anthropocene)是地质学家首先提出来的一个新概念。国内有人把Anthropocene译成"人类纪",那是缺乏地质学基础知识。恰好我大学里学的是地质学,多少还知道一些情况。"纪"是一个更大的地质时代,"纪"下面才是"世",比如我们今天处在第四纪的全新世。全新世大概始于11 000多年前。但有地质学家主张,以1945年为标志,全新世结束,地球进入人类世了。最近一些年来,欧洲一些哲学家也开始讨论"人类世"。比如,法国哲学家斯蒂格勒使用了"人类世"概念。但它首先是一个地质学概念,指的是地质年代上的一个新世代,即人类的活动影响地球的地形和运动的时代。以前我们跟猪一样。一头猪生下来,然后死掉了,被我们吃掉了。它对于这个地球是毫无影响的,或者说就是一点小小的影响。但是,技术人类对地球的影响就不一样了。我下面会证明这一点。

一个标志性事件是1945年的原子弹爆炸。原子弹爆炸的时候,十几秒钟之内,地面温度达到6 000℃!我们的身体温度如果超过39℃就叫作发高烧了,对不对?6 000℃是什么概念?自然人类无法理解。十几万人瞬间没了。自然人类的想象力和理解力根本达不到这一点。以前自然人类也相互杀戮和相互伤害，但从来没有过这样绝对的屠杀。海德格尔有一个弟子叫安德尔斯（Anders），他的名字的意思就是"另类"，他曾是女哲学家阿伦特的老公。安德尔斯在原子弹爆炸后说：原子弹来了，哲学还有鬼用？他就放弃了哲学事业，变成一个"异类"，专门从事反核运动了。安德尔斯在一定意义上是对的，与技术的绝对统治相比，自然人类的传统人文学术变得很搞笑；但他在另一种意义上又是不对的，正是在技术统治的时代里，艺术人文学的"抵抗"变得尤为重要了。要不然我们就只是等死吗？

地质学家确切地把1945年界定为人类世的开始。刚才我讲了，人类世意味着我们人类的活动会影响到地球的运动。进一步，我的理解是，人类世其实是自然人类文明向技术人类文明的转变。今天以生物技术和人工智能为代表的现代技术正在加速对人类精神和人类身体进行双重技术化，一个由技术主导的文明样式和人类生命形态正在到来。这事被我们赶上了，究竟是好事还是坏事？尚未可知。以前我们可能30多岁就死掉了，1900年人类的平均寿命不到40岁。反正马上就死掉了，做一份工作就OK了。但是如果你能活到150岁，你还只做一份工作吗？我相信在座的各位同学能活到120到150岁。如果你活到150岁，回想一下自己130年前听了一场报告，是不是还回想得起来？你设想一下，你现在20岁，接下来还有130年，这日子可怎么过啊？以前我们只按七八十岁来规划人生，娶一妻生两子。现在不得了了，夫妻俩一起过120年，是不是有点残忍？我们的职业理想也要改变了。我们的理想不能以做一份工作为目的。所以许多事情都要重新考虑，而且不能不考虑了。所有这些都正在到来，这个时候该怎么办？

"人类世"概念是美国地质学家简·扎拉斯维奇（Jan Zarasiewicz）首先提出来的。他认为，人类世的最佳边界是在1945年。这是有证据的。我本科是学地质学的。地质学讲究证据，所有证据都来自地层，就是地层中沉积下来的东西。地球每天都在地层中留下印记，虽然有些细微的变化是我们观测不到的。具体有哪些印记和证据呢？我说主要的几项。第一是放射性元素。先是原子弹，后来是核电站，地层里的放射性突然升高了。第二是化石能源燃料排放出大量二氧化碳，同样在地层中留下了痕迹。第三，最显著的是混凝土、塑料、铝等材料的大量生产，十分恐怖。拿混凝土来说，据计算，已经可以在地球表面的每平方米放置一吨混凝土了。最近几十年中国人民贡献不少，造了太多的房子，真的是令人惊奇，也有点让人悲哀。据说，我国的空置房已经达到一亿套了，但还在不断地造。还有塑料，它带来的问题最大。我们男人就是伤于塑料制品的，因为它排放出来的环境激素已经使地球上的雄性动物的生育能力降低了百分之五六十。就此而言，男性的统治时代结束了，人类恐怕会重归母系社会。环境激素的影响是隐性的，我们更多地会关注空气污染，而比较少注意到隐性的环境激素引起的后果。水和土的全面污染意味着，人类的体液环境已经整体恶化了。所以，现在莫名其妙的怪病越来越多，反正我们把弄不清楚的病都叫作癌症，其实这是不一定的。前段时间网上炒作上海的垃圾分类，弄得十分严苛，我当然是支持的。但我同时也说了一句：无所谓了，已经来不及了。为什么？因为塑料在地层里面的降解周期是70年。就是说，一个塑料袋放在泥土里，要70年才分解完，它不断排放环境激素，来伤害人类，伤害地球上的动物，而且好像特别针对雄性动物。仿佛也是命定，技术主要是由男人们创造出来的，现在先把男人们灭掉，也是公平的。第四是地球的表面改造。技术工业之前，人类哪有这种改造地球表面的能力？现在有了。长江三峡上造了个大水库，现在好像有点骑虎难下了。甚至有人提出一个吓人的建议，要把喜马拉雅山的水引到新疆去。你看看这等奇思妙想！第五，大量使用化肥使氮含量激增，这个不用讨论了。倒是可以说说抗生素。据检测，上海的抗生素已经超标了六倍。我们就不用打针了，水里面全有了，喝水就行。但奇怪的是，上海人的寿命又是全国最高的，这真的怪异。第六，地球气温上升，形成温室效应。地球在过去的100年当中，平均气温上升了0.9℃。你说，这个好像不多嘛！你这个想法不对，因为再上升的话是会产生多米诺骨牌效应的。现在全球气温已经十分紊乱，欧洲经常狂热，北极冬天的气温会升到20℃，连北极熊都待不下去了；而美国春季的时候竟然是零下50℃。这个情况已经相当变态了。其实我们还没有考虑其他因素。全球气温上升导致海平面上升，因为海洋水体温度升高以后膨胀了。如果极地冰层融化，则海平面会大幅度上升。中国沿海、天津的平均海拔最低，不到1米，上海也不到2米。第七，地球历史上第六次大规模物种灭绝。大家都说恐龙突然灭绝了，但恐龙恐怕并不是突然灭绝掉的；倒是这一次，地球物种灭绝的速度超过了前面所有时代。上面讲的所有现象都表明：人类已经成为影响地球地形和地球演化的地质力量。以前还不是这样的。人类成为一种牛气的物种，也就是最近200年的事情。正是通过技术工业，人类才成为"牛人"了。

对人类文明来说，"人类世"意味着什么呢？我大致可以说几点。首先，地球的人类化与自然人类的非人类化。我们已经慢慢变得不是"人"了——这可不是骂人话！其次，文明的断裂。自然人类文明断裂为技术人类文明。现在我们越来越清晰地意识到了这一点，1945年的核弹爆炸标志着这个断裂的完成。但断裂不是一分为二，而是像一根拗断的竹子那样裂而未断。再次，技术统治压倒了政治统治。"技术统治"是我重新赋义的概念，指文明进入一个技术资本占据支配地位的新样式中了。传统人类的统治方式或治理方式是政治性的。什么叫政治统治呢？简言之就是商讨的方式。民主制度就是一种讨论的制度，是商讨程度最高的治理方式。不过哪怕是封建制度，其实也有商讨，只是程度不高。以前的皇帝也是很辛苦的，晚间的劳累不说，六点多就要起来上朝了，对不对？一上朝就问哪里出事了，谁去。你说家里有事去不了，凶狠变态的皇帝可能会把你拉出去弄死。但一般不会，只好叫别人去，可见也是有商讨的。有事商量着做，谁当老大，也商讨一下，这就叫政治统治。但在技术工业时代里，这种情况发生了变化，虽然表面上还是政治统治，但实际上已经是技术统治，或者说是受技术统治影响的政治统治了。这真的也是一个相互矛盾的状态，一方面技术工业促进了个体自由和社会民主化—商讨化，另一方面技术工业也可能加强和固化社会制度的同质化和集权化。文明总是这样纠缠不休的。关于技术统治与政治统治，我可以举一个例子来说明。美国特斯拉公司的老总马斯克是坚定地主张跟中国搞贸易战的，但贸易战打了没几个月，他第一个到了上海浦东，圈了一块地，建了一个厂，马上就要投产了。你说这一波神操作到底是技术还是政治？表面上是政治，其实背后是技术和资本。这是技术资本的力量。看起来是特朗普在搞来搞去，这位总统还特别喜欢发推，一发推股票市场就动荡了，忽上忽下的。其实特朗普这个人脑子蛮好使的，是有一套的。他本来就是资本家，技术资本的运作对他来说不是难题。这是我要强调说明的一点。

还有一点是自然人类精神体系的崩溃。自然人类精神体系的核心表达方式是哲学和宗教。哲学是给自然人类提供制度规则的，我们自然人类需要规则，制度是通过规则来建立的。所有的社会制度、政治经济制度、教育制度后面都有一套哲学的理念。柏拉图的理想国、现代民主制度、威廉姆·洪堡的教育理念和教育体系，其背后都是哲学的设计：一个普遍主义或本质主义的设计。宗教又是干什么用的呢？宗教是给我们的心性道德提供基础的。自然人类需要这个，否则我们的群体生活也组织不起来。哲学和宗教是自然人类体系里最核心的东西。如果还有第三个东西，那就是广义的艺术。哲学，宗教，艺术，这是自然人类精神表达体系的核心内容。但当尼采说"上帝死了"时，他在讲什么？他的意思是，自然人类的精神表达体系崩溃了，传统哲学、传统宗教、传统艺术崩溃了。这是人类世的意义。

那么如何理解人类世的文明进程？我的一个说法是，文明断裂不是突变，而是一个山形的turn、一个转折。从18世纪60年代工业革命开始到转折点1945年（人类世的确立点），大概花了185年时间。第一次工业革命开始后不到百年，马克思就开始反思技术工业，批判资本主义的生产方式和生活方式。马克思的意义就在于，他是第一个对这个技术工业进行反思的人。19世纪中期以后，技术工业的进展越来越快，那时候欧洲变得越来越强大，于是开始在全球进行殖民，就是把技术工业推向全球，包括中国。我们终于也被拉进去了。没有一个民族能够逃脱掉，没有一个国家摆脱得了技术工业的逻辑。到1945年，大概过了185年，原子弹爆炸，所谓技术统治的人类世得以确立。如果这样的转变具有一种对称性的话，那么右侧下落同样也应该用185年时间，所以自然人类大概还有100年时间——

这就是英国物理学家霍金的预测。霍金说，我们人类大概还有100年，终将死于机器人。这个人太厉害了，我不知道他的逻辑。他为什么可以这样说？他去年去世了，但他是有眼光的。

霍金的预言有没有道理？是不是就是我们上面讲的状况？这个我们暂且不管。我们要关心的是后面怎么办？自然人类的自然力不断下降，技术性不断增强，我们不得不关切未来的文明。所以我在上海发起了一个"未来哲学论坛"。我们以前的哲学以及一般人文科学陶醉于过去的历史，甚至通过虚构美好的过去来贬低现实，更无力于言说未来。这是传统哲学人文科学的拿手好戏，已经成了习惯。对现实无反应、对未来无探测的人文科学将越来越不被需要，越来越无力。没有人真正需要这样的人文科学，因为它的逻辑不对，因为它虚情假意。人文学者们经常美化过去，贬低现实，恨不得回到先秦时代去生活。但若真叫他们回去，他们是未必愿意的，所以这其实也是骗人的勾当。我认为，未来人类将越来越不需要这样一种不合时宜的人文科学。

黑格尔说哲学就是哲学史，狄尔泰说人文科学是历史学的人文科学。我当然不否定人文科学的历史性，更不会否定自然人类精神的历史性。我们从事人文科学研究的学者为什么这么累？相对地，从事自然科学的研究者就要轻松许多，因为他们只需要关注20年甚至是10年以来的科研进展，此前的都已经过去了。除非做科技史的，一般不需要关注历史。科技知识的更替速度越来越快，现在已经缩短到了几年；就是说，几年前的研究成果就被淘汰了。所以想来也是辛苦，你刚备好一门课，没多久就无效了。相反地，人文科学的学者要从老子、孔子开始念，或者从柏拉图、亚里士多德开始念，念了个头冒青烟还没念完，已经芳龄60岁了。我们有2 000多年的历史要对付，特别辛苦。今天，如果你是研究物理学的，你说我主要在研究亚里士多德的《物理学》，我们只好说你犯傻了；但亚里士多德的《物理学》却是哲学的必读书，不读不行。这就是我们累的地方。人文科学确实有这样的历史规定性，它要弄清楚自然人类、人性的本质，要追踪人类精神的来龙去脉。然而，世界变了。我们今天进入了一个人类文明史上最大的断裂期，人文科学一味回忆过去和美化过去的时代过去了。我们必须在考察历史的过程当中开启另外一道眼光，就是面向未来的眼光。如果不关照现实和未来，那么人文科学将没有意义，将越来越没有意义。

二、从自然人性到技术人性

我想来讲第二个问题，就是人性之变，自然人性的技术化问题。我刚才讲的人类世就是一个自然人性不断沦丧、不断衰落的过程。美国学者福山的《我们的后人类未来：生物技术革命的后果》一开头就介绍了在20世纪中期影响巨大的两本科幻书：一是乔治·奥威尔的《1984》，二是奥尔德斯·赫胥黎的《美丽新世界》。这两本书分别预见了两种技术：一是信息技术，二是生物技术。二者在当时都没有，都是在第二次世界大战之后才真正发展起来的。《1984》说的是：横跨大洋的帝国建立了一块"电屏"，它能实时收集各家各户的信息，发送给空中的"老大哥"。在"真理部"和"友爱部"的管理下，这块电屏被用于社会生活的集权化，政府通过网络监视着人们的日常生活。所有这些状况在今天都已经实现了。《美丽新世界》描绘了今天世界上正在发生的生物技术革命：子宫外孵化婴儿（试管授精)。这事现在在技术上已经完全不成问题了,前阵子在德国已经完成了一例。夫妻两个可以手拉手去看透明瓶子里的婴儿,婴儿在一个装置里不断长大,长到10个月把他拎出来就好了。这是技术加工出来的人,虽然原料是自然人的。可以问:未经母体孕育的人是"人"吗?书里还讲到一种给人带来即时快感的精神药物"素玛"(Soma)。以后,自然人类会变得越来越无聊,身体也会越来越迟钝,这时候我们就需要刺激,就需要这种素玛。所以,美国已经开放了一些以前被叫作"毒品"的药物。这是没办法的事。人类需要刺激,没有刺激我们怎么过这重复无聊的生活呀?我们大部分时候已经麻木了,没反应了,这个时候是需要刺激的。还有,书中也讲到能模拟情感生活的"感官器"(feelies),等等。这些都是有预见力的,都相当重要,而且多半在慢慢地实现。

福山显然是一个保守主义者,关心的是在现代技术条件下人性的保存。他说:"我们试图保存全部的复杂性、进化而来的禀赋,避免自我修改。我们不希望阻断人性的统一性或连续性,以及影响基于其上的人的权利。"[1] "因为人性的保留是一个具有深远意义的概念,为我们作为物种的经验提供了稳定的延续性。它与宗教一起,界定了我们最基本的价值观。"[2] 说到这儿,我们已经看出了福山身上的传统主义倾向。他说人性有一种稳定性,我们需要保护它,跟宗教一样。福山跟尼采不一样,虽然他也受到尼采的影响,但他的哲学与尼采的激进思想完全不可同日而语。福山在技术观上采取了一种保守姿态,站在自然人类的立场和角度上来思考问题。然而问题在

---

[1] 福山:《我们的后人类未来:生物技术革命的后果》,黄立志译,桂林:广西师范大学出版社,1997年,第172—173页。
[2] 同上书,第11页。

于，什么是人性？有没有不变的人性或者人性要素？我认为，福山没有处理好这个问题。当福山追问和主张"人性的保留"时，他显然假定了一种不变的自然人性。福山甚至把他所谓的"人性"归于基因："人类本性是人类作为一个物种典型的行为与特征的总和，它起源于基因而不是环境因素。"[1]这个完全没道理，各位能同意他这个说法吗？人性是由基因来决定的，他这个假定是可疑的，而且也有政治风险。这个我们需要讨论。我认为，"人性"是一个历史性概念，不存在固定不变的人性，甚至也不存在固定不变的人性要素。

在自然人类文明史上，人们对"人性"的理解是多样的，关于人的定义是变化不定的。关于"人性"，历来说法不一。以柏拉图为代表的古希腊哲学形成了一种古典的人性观，把人性理解为理智、激情与欲望三者的统一。在《理想国》中，柏拉图主张理智要在灵魂中占据主导地位，这就与他"哲人王"的社会理想达成了统一。每一种人性要素分别代表着一种职业，理智对应着哲人王，激情对应着士兵，欲望对应着商人。听起来很有道理似的。柏拉图的理想国有十分理性又具体的制度设计，比如他建议，小孩生下来要由国家集体培养。你想一想，有的父母亲并没有能力承担对小孩的教育，不一定能把小孩培养成一个合格的城邦公民。把小孩交给他们来培养，不是害人吗？按照柏拉图的逻辑，大高个应该娶一个小矮个，不然就是资源浪费了。像姚明这样的高个再娶一个女姚明，实在不像话了。按照柏拉图的想法，姚明应该娶一个1.2米左右的女子才对，生下的小孩刚好中等身材，有利于族群的改良。柏拉图就是这样来设计的，整个设计基于他的人性规定。

---

[1] 福山：《我们的后人类未来：生物技术革命的后果》，第131页。

近代哲学的人性观继承了柏拉图的基本规定，也保留了基督教的神性维度。这个时候，人们才把人性理解为理性与神性的二合一，把人规定为"半神半兽"的动物。我们在康德哲学中看到了这种人性二元论。康德哲学关于现象界与本体界的区分，即必然的有必然规律的自然界与道德—信仰世界的区分，导致他的哲学的二元论性质，而这同时也是人性的二元论。与此不无联系的是威廉姆·洪堡的古典主义的完美人性观。大家知道，洪堡是现代大学的开创者，今天大学最基本的规定实际上出于洪堡。总结一下，无非就是两条：一个是学自由，一个是教自由。学是自由的，学生选择什么专业和方向，选什么课，应该享有充分的自由。但这一点实际上在我们的大学里还没有实现。我所在的学院是比较自由的，我们本科生进来以后两年之内任选本院一门专业。这是我担任院长的时候建立的制度。我当时跟学生说，如果你们把我推为校长，那你们就可以两年之内自由选择大学内的所有专业了。课程应该由学生自己来组织，有些课很难听，有些老师不可爱，甚至相当可恶，你就不去听呗！但是在我们这里，多半还不行。学自由我们还没做到啊！那么教自由我们做到了吗？我不知道，你们也是清楚的，不说也罢。我在这里只想指出，现代大学的制度设计是基于洪堡的古典主义和自由主义的人性观。在他看来，完美人性（完人）是自由与规律（必然）、想象与思辨、个体与群体三对矛盾的统一，统一后才有"和谐"人性。洪堡说，大学的目标就是培养完人。这当然是特别理想主义的，现在看起来也有点傻傻的。洪堡是一个古典迷，他说只有古希腊人真正克服了三对矛盾，达到了完美的"和谐"人性。

我们看到，无论是古典的人性论还是近代哲学的人性观，虽然其关于人性内涵的规定有所不同，但"和谐人性"是一贯的理想，长期如此。一直到要到19世纪后半叶，尼采于1872年出了一本叫作《悲剧的诞生》的书。这本书告诉我们，传统的美学理想是错误的，人们一直强调美是和谐、理性、规则、黄金分割。但在尼采看来，这是一种虚构，没有完美的、和谐的人性，人性的根基是痛苦、紧张、对抗。为什么说不理解尼采，我们就难以理解现代主义美学和现代主义艺术？因为是尼采第一个告诉我们真相，生命的本质不是和谐，不是其乐融融，而是斗争、痛苦、张力。为什么要哲学？为什么要艺术？如果生命本身是和谐，我们需要哲学、需要艺术吗？哲学和艺术实际上是要让人直面痛苦人生。尼采为什么重要？他第一个告诉我们，传统的人性理解是错误的，没有完美的、和谐的人性。尼采解构和颠倒了传统的人性观，揭示出人性本来就有的内在冲突和张力。我自己不建议同学们读太多的书，但像尼采这样的哲人的书，各位还得读一点。为何？不读尼采，你不会有时代感。尼采以及他曾经的同道瓦格纳开启了现代主义以及更后来的当代艺术。你不理解他，就不知道后来巨大的变化。如果你现在还坚持着一种和谐的、完美的人性和审美理想，你去看当代艺术，当然会一脸懵，甚至愤怒不已，你不知道这种艺术是要干什么，为什么搞成这个样子。

另外，人性的各个要素，无论是理智、情感还是道德心，在各个时代里都发生了各种变异。比如说美感。在康德那里，美感的基础被描述为共通感（common sense），美被规定为脱离内容、不计利害、不带任何欲望和要求，美是纯形式、普遍必然地令人愉快、带有没有目的的合目的性的东西。这位康德真有理想。你如果用这种理想的观点来看今天的艺术，你就彻底崩溃了。这种先验论美学在后世越来越受到了怀疑。实际上，美感是在生活世界里不断被重新塑造的一个要素。特别是在过去的三四十年间，在影视图像文化的规制和形塑下，中国人的美感已经发生了根本的变化。比如说中国男性脑子里的美女形象，那肯定是西方化了的，接近于那种轮廓分明的西洋美女。听起来很反动，我们的美感被归置、被塑造了，已经被调整到那个位置上了。你说美感是恒定不变的吗？哪有康德式的形式美感？尼采后期说，美就是强壮，虚弱怎么可能美？想想也有道理。这是尼采对美的规定，因为我们自然人类越来越虚弱了。但换个语境就不对头了，那林黛玉怎么办？她一看就要倒掉的样子，但古代文人都喜欢呀，那是另外一种美感。今天的男人们大概做梦的时候还会想到林妹妹，但清醒的时候恐怕多半不会想了。一句话，美感不是固定的，这是一个不断变化着的要素。

为了避免福山式的恒定人性论的偏见（我认为这是一种偏见，即并没有恒定的人性），我们必须注意和确认在过去两个世纪中发生的文明大变局。上面已经讲了，我把这种大变局叫作自然生活世界向技术生活世界的转换。在这种断裂式的转换过程当中，人性发生了何种变化呢？在这儿，我想斗胆提出两个相应的概念：一个是"自然人性"，另一个是"技术人性"。对此当然会有一些争议。"自然人性"比较好理解，它是自然生活世界中的人类的人性，它虽然也在不断变化中，但总体上保持着某种相对的恒定性。但什么叫"技术人性"呢？简单说就是被技术化的人类的人性。今天，人类已经、正在继续被技术化。现象上的证据前面已经讲了不少，比如人类的自然繁殖能力不断地、加速地下降，等等。我们已经被技术改造了。我们的智力被计算技术控制，表明人类精神也被技术化了。不要以为人工智能时代还是个将来时，还没有到来，它早已经到来了。我们今天离得开手机、离得开电脑吗？我们在精神层面上已经被人工智能所掌握。技术人性是在技术工业条件下不断变异和生成的人性状态。如果说自然人性主要通过传统哲学和宗教得到了表达和规定，那么，已经生成而且正在生成的技术人性到底怎么样，到底有哪些基本要素和未来生成方向，恐怕还是一个未知数。

三、未来的生命哲学

这就引出了我们的第三个问题，即未来的生命哲学。所以我把本报告的标题设为：人类世，我们需要一种新的生命哲学。面对技术统治下自然人类文明（传统文化及价值体系）的崩溃以及技术的脱缰狂奔之势，今天哲学需要有新的生命思考。1945年以后，技术已经进入失去限制的加速状态。技术在20世纪有节奏地生产了三个大东西，大家一定要注意。大致可以说，前30年出现了飞机，中间30年出现了电视，后30年出现了电脑。这几种技术（飞机、电视、电脑）彻底改变了人类的日常经验。我是国内最早一批用电脑写作的人。大概是在1993年，记得当时我跟我的同事陆兴华教授一起，花了4 000块钱，每个人买了一台286电脑。很重的一个家伙，我都背不动。电脑公司老总问你拿电脑干吗用？我说我写作用。他说那你25年不用换了。我当时想蛮合适的，也蛮值得的，买一台电脑4 000元，在当时也算一笔钱，但可以用25年了。这是1993年，25年过去了，到如今我大概已经换了十几台电脑了。这就是技术的加速进程。电脑公司老总没骗我，他认为用286电脑写字太简单了，25年都没问题，但今天恐怕连286电脑都找不到了。我当时用五笔输入法，现在还是。这个五笔输入法太重要了。各位恐怕没有意识到，电脑汉化是多么伟大的创造，是可以得诺贝尔奖的。1989年，电脑汉字输入系统开发成功了。以前我们只会用打字机打字,电脑汉化以后,我们可以在电脑上打字了。"五四"一代中国知识分子好多都主张放弃汉字,说汉字是中华文明进步的最大障碍。现在我们使用的汉语拼音,只不过是鲁迅那个时代产生的几百种拉丁化方案中的一种,大家一定要把汉字干掉。现在呢?电脑汉化以后,汉字成为全球输入速度最快的文字了。你用英语输入"中华人民共和国",是不是要打几十下?我们用五笔输入法只要用四下就解决了。这个时候,我们中国知识分子才对母语恢复了信心,不但恢复了信心,而且越来越牛气冲天。竟然有人得出结论说,英国和英语起源于湖北英县。诸如此类的结论都有了,变成一大笑话。电脑汉化和五笔输入法把一个民族的文化都改变了。我想,电脑公司老总当时也不是骗我。后来,我的工作效率大大提高了。本来是手写,用手写作多么痛苦!1992年,我的博士学位论文是手写的。25万字,改了又抄。最后定稿,大概要手写100万字。手都僵掉了,真正是生不如死啊!现在我们用电脑多好。许多人文学者诅咒技术,其实我觉得也不对,技术是有两面性的。没有技术我们只能活三十几岁,有了技术我们活得越来越长了。而人总是要求永生的,我们在技术的帮助下慢慢走向永生。然而技术有风险,许多问题和危险也出来了。所以我们要提高警惕,直面问题。

  技术越来越快地进展,这个时候我们需要一种新的生命哲学,用来规划新的人类生命和技术人类生活世界。人类未来的生命形态主要受控于人工智能和生物技术,自然人类被双重技术化了。大家也不要把这事想得太玄了。其实所谓人工智能就是对我们人类智力的技术化,把人类智力技术化和数据化。这种技术化就是非自然化。尼采早就看到了这一点,他当年提出了两个概念,一个叫作"末人",一个叫作"超人"。末人就是最后的人。他说最后的人将不断地被计算和被规划,也就是说失去自然性;而超人的意义在于"忠实于大地"。我现在越来越喜欢尼采了。这个人不太可爱,但他的思想真的是厉害。他那个时候哪里能看到今天的状况,但他能说出这样的话,说最后的人是不断地被计算和被规划的人,这种人不就是今天的我们吗?我们就是不断地被计算和被规划的人,而我们在这种计算和规划中失去了我们的自然性。尼采的超人是什么?你以为是往天上飞的Superman?是孙悟空和奥特曼?不,超人不是那种神人。尼采在《查拉图斯特拉如是说》里说:我要把超人教给你们,上帝死了,现在我得把超人教给你们了。什么是超人?超人的意义在于忠实于大地。我以前翻译这句话的时候不懂,超人为何要忠实于大地?现在我明白了,尼采的意思是要回到自然,重获自然性。

人类世的新生命哲学主要做两件事,一是规划未来生命,二是重建技术生活世界经验。关于未来生命规划,我们首先要搞清楚,未来最核心的问题是人类的自然性与技术性之间的可能平衡,这是我们能设想和预计的最佳状态。这是一个核心问题。人文科学如果还有意义的话,就是为此目标而努力。第二件事是生活世界经验的重建。这事高度复杂,但又十分迫切了。人类从短命到长生,仅这一项就引发了代际、婚姻、家庭等之变。我们人类的寿命实现某种意义上的长生恐怕是必然的了,虽然还不是永生。现在最夸张的说法来自我认识的一位生命科学家,他说我们可以活到720岁了,在技术上已经完全没有问题。比较中性的说法是500岁,是美国谷歌公司几个人物的主张。无论如何,哪怕我们假定未来人类可以活到150岁,那也会产生很多问题。首先是代际关系,这种关系基于自然人类的自然更替,几十年一代,四世同堂都难。但如果人能活到150岁了，这个代际关系就变得好复杂。还有，婚姻制度也必然面临困难。一夫一妻是现代文明社会的基本规则，夫妻相守几十年，完成了代际传承，也实现了个体的性欲望和群居本能。然而随着人生拉长，婚姻制度就需要被重新考量，甚至它的意义也需要被重审了。随着男性生育能力的下降、基因工程的发展，人类的生育方式必将改变，生育的技术含量将会越来越高。婚姻的传宗接代功能渐渐下降，婚姻的意义就将在很大程度上隐失。所以，我们要加以反思也要给出预判：以后的婚姻和家庭制度将何去何从？对自然人类来说，无论中外，家庭单位都是特别重要的。而对未来技术人类来说，家庭恐怕终将被扬弃。家庭是最基本的社会单位，而且是每个人经常要回去的地方。哪怕我经常出差和出游，我也会想家，而且可能更习惯于想家。什么叫家和家园？那是你的归属。但这种归属感慢慢会被抽离和消耗掉。技术人类还需要家吗？要何种家？

还有快乐方式问题。未来人类需要寻求和发明新的快乐方式，这理当成为新生命哲学的任务。人类的快乐方式是要变化的。在未来的技术生活世界，自然人类的快乐方式的意义会慢慢下降，甚至消失，比如自然人类的传统娱乐、消遣和游戏方式（眼下当然还留下了一些），比如喝酒。我有一次在贵阳喝酒，高兴了说了一句鬼话，说我们跟机器人最大的差别是机器人不会喝酒，这是我们自然人类的最后留存。大家听了很开心。性的问题也成为大问题了，自然人类的性爱本来是十分重要的快乐方式，根本上有异于一般动物的交配。但这事恐怕也难了。最近美国出现一个新的概念叫"性萧条"，说的是男生对女生没兴趣，女生对男生也没兴趣了。这个现象似乎在我们这儿也已经可以观察到了。这就表明，自然人类一些传统的快乐方式正在衰落，并且有可能终止掉。那我们总不能就这样大眼瞪小眼地活着呀！我们未来需要新的快乐方式，需要新的刺激。未来新的快乐方式是什么？这事当然还不好说，有好多不确定因素。眼下我大概会说，艺术和哲学将变得越来越重要。艺术是创造，创造什么呢？从某种意义上讲就是创造快乐方式。哲学呢？哲学的任务向来被认为是反思、批判和论证，但今后的哲学需要改一改这种习惯了。哲学根本上也需要创造，是需要奇思妙想的。人类通过奇思妙想才跟人工智能区分开来，因为人工智能做不到奇异的创造。什么叫奇思妙想呢？我在这儿讲课，好像看着你们，我脑子里却在想别的人和事，这就是人类伟大的思维和心灵。人类就是这么怪异的，这个机器人恐怕还做不到。人类的思维可以大尺度无限跨越式跳跃。

与此不无关系的是，我们马上特别需要一门新的学问，叫"无聊学"。"无聊"将成为一个十分重要而迫切的课题。它实际上就是我前面讲的问题，即人类如何发现和寻找新的快乐方式？这事又要回溯到尼采。今天我们看尼采真的是太神了，他在后期就说，我们人类最大的问题是什么呢？是这样一个问题：我们为什么愿意重复？你想啊，你每天的行动，天天都在重复自己的行动，那你做1次、做10次跟做10万次有区别吗？你为什么愿意重复？我认为，尼采已经预测到了人类将进入漫长的无聊时期，所以才提出了这样一个重复的意义问题。重复的意义何在？这是尼采后期哲学最根本的问题。如何度过这无聊的人生，是未来人类的根本问题之一。正如我刚才讲过的，艺术与哲学将成为未来最核心的学问。所以各位来哲学学院读书是对的，哲学的特性之一是怀疑精神，但各位却不能怀疑哲学本身的价值和意义。如果你现在怀疑哲学，到50岁的时候肯定会回来的，因为到时候你实在太无聊了。

接着的一个问题是：如何重建生活世界经验？这是我这几年里思考的一个重点。未来哲学的任务就在于，重建我们这个今天已经变化了的、被技术工业所改造的生活世界的经验。为什么今天精神病患者越来越多了（患者的数量据说每年以1%的速度增加）？就是因为很多人没有及时调整过来，依然用旧的尺度来衡量今天已经深度变化了的世界。现在，人群中精神病患者的比例已经达到了17.5%。按这个比例，我们这一屋子人中好像就有10个精神上不大正常的人。不过这里面只有一半人需要治疗，其他的是可以自我调整的。怎么个调整法？我以为还需要哲学，这是没有办法的。问题变得很严重了，大部分人依然坚持以自然人类的经验尺度来衡量今天这个变化了的技术生活世界。这就麻烦了，就出问题了。这方面的问题我还没有想清楚，还在思考中，今天只是提出若干想法，跟大家讨论一下，也请各位批判。

第一，信仰和信念。这是两个东西，虽然听起来没啥差别，其实不然。今天我们别指望信仰，信仰太绝对、太高冷了。我们更需要信念。信念与信仰是不一样的。信念是什么呢？比如说我们今天报告后离开了这里，明天我还要到这里开会，我们相信自己明天来这里不会有什么变化。这就是相信、信念。这不是稳定的，是可疑的，但我们必须有这样的信念。问题在于，我们许多人失去了这样的信念。比如说，许多人经常会有强迫症，分明是把门带上了，走了50米又回来推一下，需要确认一下，有没有？我觉得这时候，人们与精神病患者差不多了，已经不远了。因为有这样的强迫症，人们失去了对周边事物的信赖。在后信仰时代里，我们要建立对事物的相对稳定性、世界的可靠性和他人的善意的基本依赖。我们得相信，事物是可信赖的，世界是安全可靠的，他人是可以接近的。我们要有这样一些基本的信念，没有它们不行。这一点很重要。这样的信念要建立起来，不然你就会发慌，发慌以后你就不知道如何行动，不知道手往哪里放，最后就只好精神病了。这是第一点，很重要。我认为这是后宗教主义时代的基本要求。

　　第二，新时空经验的建立。这一点我上午已经在西安电子科技大学讲了，但没讲清楚。今天下午，各位也别指望我把它讲清楚，因为我也还没有完全想清楚。我们以前的时间观念是线性时间观，那是自然人类的时间经验，是乡下农民的时间理解。农夫一大早背一把锄头下地去了，太阳下山时他背一把锄头回来了，一天就这样过去了。时间是永不停歇的，不断地向前，不断地流逝，像一条永不回头的直线。时间的每一个点都被假定为同质的，时间是不可逆的。我们每个人一天天活下来，就等着死亡的到来。这是自然人类的时间观念。然而，技术工业已经改变了这种时间观念。我举个简单的例子：园子里有花，你今天去看它没有盛开，明天去看它还是没有盛开，你外出一个月回来后，它突然开在那儿了。我们自然人要贯穿一个自然过程是很难的，但技术工业生产的摄像技术可以在10秒钟之内把一朵花的盛开和凋谢呈现给我们。所以，时间已经被大大地压缩了。时间是均匀的吗？当然不是。相对论也证明了这一点。在此意义上，我提出了一个"圆性时间"概念，今天不宜展开来讲。我想告诉大家的只是，时间不是一条直线。如果不是直线，那么时间是什么呢？今天上午，我在西安电子科技大学演讲时说：时间是圆的，可谓"圆性时间"。但在这个问题上，我还没有想得特别清楚，就此打住。还有空间，空间是空的吗？虚空空间是近代物理学的概念，空间是空虚的东西，长、宽、高抽象的三维。我认为，空间的三维化是欧洲人以时间为中心的空间理解，他们把空间问题时间化了。与之相对，传统中国人可不是这样设想空间的。空间不空。我们今天的场景就是一个空间，这里面怎么可能是空的呢？这里面充满着紧张的对话、对峙、敌意、善意、挤压、排斥、吸引，等等。这个空间怎么可能是空的呢？你们每个人对我来说都构成了一种挤压或者吸引，这是另外一种空间，这才是源初的空间。如果说只有三维空间，那我们就无法理解在我们的场景里发生的一切。只有把空间理解为具体的实性的空间，我们才能把我们的生活世界理解成一个温暖的、具体的、可接近的、可触摸的圆性世界。

第三，感觉的重塑。我们现代人的感觉能力每况愈下，越来越差了。按照德国哲学家鲁道夫·施泰纳的说法，我们本来应该有12种感觉，比如说语言感、运动感、平衡感等。后来在文明进程中，特别是在技术工业的支配下，我们只剩下5种感觉了。而在这5种感觉里我们也只强调两种，一是视觉，二是听觉。对不对？一方面，感觉的丰富性越来越遭到削弱；另一方面，感觉被分离开来，比如我们认为听觉与视觉是不搭界的、互不相关的。这分明是一种误解呀！它们是同时发生作用的，我此刻在看着你们，同时在也听你们，如果突然有人哈哈大笑，就把这现场气氛破坏掉了，我对你们的看也随之变了。听觉和视觉是相互影响的，而二者的相互影响就表明时间与空间是相互贯通的，是一体的。这是最有力的证明，因为空间是视觉的问题，而时间是听觉的问题。这一点康德已经说清楚了。今天我们进入一个弱感觉世界。20世纪的哲学特别是现象学哲学提出了一个任务，即恢复我们的感受能力。而这个恢复感受能力的诉求又跟我前面提到的一个问题是相关的，就是如何发现和寻找人类新的快乐方式。

第四，虚拟与虚无。这是我们现在已经面临的问题，已经成了无法改变的现实,我都不知道怎么来说这件事情。人类生命根本上是虚无的,最后我们都是要死掉的,哪怕活得越来越长久,也还是要完蛋的。但人生虚无不是我们消极生活的理由,而恰恰是我们积极生活的动力;人终有一死,表明我们必须更加珍惜生活和生命。不能因为人要死掉,就干脆不活了。这就是尼采的"积极的虚无主义"。尼采为什么讨厌叔本华,因为叔本华认为人生就是一场痛苦的游戏,生命就是在欲望造成的痛苦与欲望满足后产生的无聊之间摆来摆去的钟摆;如要消除痛苦,只有一个办法,就是降低欲望、消灭意志。怎么降低和消灭呢?叔本华给出的终极建议是:少吃东西,慢慢把自己饿死。这个傻子建议可把尼采气死了。尼采说这不是我们要干的;我们分明知道,人生本质上是痛苦的和虚无的,但我们要无畏地承担它;这种担当本身要借助艺术和哲学,最后要把这种根本的虚无和痛苦转化为快乐。所以尼采说,至高的痛苦就是至高的快乐。这话当然有点玄虚了,需要我们有一种伟大的英雄精神、一种强大的心力。尼采说,我这个姿态是积极的虚无主义,叔本华属于消极的虚无主义,不可取,我们可不能把自己饿死。

还有虚拟问题,也同样让人纠结。我们今天已经进入虚拟时代,最近人们在热议区块链技术和虚拟货币。人类在金钱/货币这件事上越来越走向虚拟化了。大致可以说,黄金是对实物交易的虚拟化。本来我用两斗米跟你换一座山,现在我给你一块黄金,把你的山拿来了。进一步,纸币是对黄金的虚拟化。再进一步,互联网金融是对纸币的虚拟化。现在的区块链技术是对电子货币、网上银行的虚拟化。这就是人类生活走向虚拟的一个个步骤。所以我的一个想法是,钱对于个体来说将变得越来越不重要。我特别不看好黄金,除非全球主要国家商量好回到金本位了。什么叫金本位?一个国家印多少钱，以前是以有多少黄金做基础的，有多少黄金印多少钱。但20世纪70年代，美国人率先把美元与黄金脱钩了，这时候他爱印多少钱就印多少。别的国家也模仿。有的无底线的国家就乱印一通了，爱印多少就印多少，没钱了就印一点，而且还把汇率控制起来。这样，这个世界就乱了。这里就有问题了：大家本来有一个公正的对等交易体系，然后这国那国胡乱印钱，印了以后也不告诉他国，那么没印钱的或者少印钱的吃大亏了。这就是今天的基本世界格局。区块链技术有何用？我认为是要完成马克思所讲的对主权国家货币的消除。马克思为什么是大哲学家？因为他把这些问题都想透了，而且提前了100多年。马克思深知，只要主权国家在，只要主权货币在，那么这个世界就不得安宁。我想，这应该是马克思主张国家必将消亡的基本理由。

在未来技术生活世界中，对个体来说就有一个如何适应虚拟生活的问题。我愿意提出一点想法，供大家参考。我认为我们要主动适应，慢慢习惯于这种虚拟化，包括生活的虚拟化，虽然形成这种习惯会很艰难。比方说，如今我们的交易都在网上完成，这种交易方式已经挑动了人们（特别是妇女们）毫无节制的购买欲，把钱不当回事情了，反正也看不到钱。我在二楼工作，每天会送来8至11个快递，我楼上楼下跑上10趟，一个上午、一个下午就没了。这真叫折腾。在座的女性朋友估计也会有这种经验。在这样的状况下，安静节制的生活恐怕已经是一个不可能的理想了。还有性爱。现在已经有网上做爱了，你能适应吗？还是一味诅咒之？网络游戏越来越成为青少年的主要游戏方式，令家长们十分头疼，但许多成人也进入了。什么都可以虚拟化了，我们总归得慢慢习惯，方能进入未来的虚拟世界。事情就是这样，我们先是抵制，后来慢慢习惯之。在这种习惯过程中将发生什么？是我所谓的"技术人性"的生成吗？

无论如何，这个世界已经高度抽象，生活方式的虚拟化已是一种必然。这时候，厌弃和逃避不是良策，保持开放才是积极生活之道。

专题论文:

未来戏剧

未来戏剧
——舞台的狄奥尼索斯之根与人类世的视野

[德] 弗朗克·M. 拉达茨

余明锋 译

一、丧失了功能的戏剧

海纳·米勒尽管亲自参与了罗伯特·威尔逊（Robert Wilson）的创作，如《内战》或《森林》这样基于苏美尔的吉尔伽美什史诗的舞台设计，却在1988年就此类纪念碑式项目下了一个失望的结论："这纯然是对戏剧功能丧失的一种反应。戏剧陷入了危机，至少在这片大地上陷入了危机，因为它已然不再能够实现其社会功能。这种对戏剧创作的不确定感，导向了对各种本源和神话的诉诸、对失落的中心的寻求。"看起来，戏剧已经丢失了最具决定性的东西，丢失了自己的目标和心魂，或者丢失了弗洛伊德所谓驱动着一个人的生平和一个民族的那种"神秘的魔性驱力"。

一年之后，也就是在1989年，令一个世界屏住呼吸的期待崩溃了，取而代之的是一个无限延伸的当下，伴有"乌托邦的失落"或"历史的终结"这样的标语。于是，"迹象"或"预料"这样的词汇就从与美学相关的范畴中被删去了。这种发展印证了米勒的重大判断,可也令他陷入绝望。

不过,在这样一个以无可选择为特征的停滞时期,一种新形势出现了,这种新形势意味着人类这个物种历史上的一种深刻断裂。延续了11 000多年的全新世(Holozän)将被一种新的地球时代所取代。正在到来的人类世(Anthropozän)有着不同的本性,法国科学史家米歇尔·塞尔曾如是断言:"新的时代不仅本身是全球化的,而且也会对我们的本地行为做出全球性反应。"在人类世的气候制度的诸种条件之下,从地方性的河流、山川、森林、海洋和沙漠中产生了一种全球性交互关联。当科学界在揣度世界气候的变化是否会在可预见的未来触及不可逆转的临界点,从而引发无可估量的动态时,人类世理论家布鲁诺·拉图尔则在谈论,地球老母亲盖亚正被她的反复无常和不可预知的女儿所取代。大家都在议论,迄今为止的稳定性在可见的未来是否还能持续下去。海洋和大气都是储存介质,会在一定饱和点释放不可逆转的涌现。我们今天释放到大气中的排放物在120年后仍然存在。无视这一物理事实就会导致像海洋酸化这样急剧的气候变化,这意味着行星条件的改变不是暂时现象,而是为几个世纪所设定的程序。

人类世带来危机重重的视野,这使得历史逐渐从其后乌托邦的白雪公主睡梦中觉醒。早在1990年,塞尔就预言:"全球历史进入自然,同时,全球自然进入历史:这是哲学的新问题。"这种意想不到的复兴所带来的哲学后果之一是,在从人类世出发的讨论中,地球或许是使得许多物种(包括人类)的生命首先成为可能的脆弱球体,而成了无可后退的视野;或者如塞尔所言,成了"绝对相关项"。有了这种奠基,被后现代主义拒绝的中心又回到了争论中来。曾经极具吸引力的口号"一切皆可!"被证明是一个过渡时期的误导性宣言。相反,如塞尔所言,变动起来的自然迫使我们再次成为"历史的参与者"。不过，这种回归的历史制度在结构上发生了改变。根据迪佩什·查克拉巴蒂（Dipesh Chakrabarty）的说法，人类世的前提意味着"自然史与人类史之间数百年的人本主义分界的崩溃"。因此，从哲学的角度来看，一个完全意想不到的事件，即戏剧语言中所谓的"突变"（Peripetie），开始了："写作《精神现象学》的黑格尔无法预见，新兴的人类世将从根本上扭转其设计方向，人们不会辩证地参与绝对精神的冒险，而是参与了地球历史的冒险。"（布鲁诺·拉图尔语）

二、悲剧的两极

眼下，历史发生了突变或结构性延展。历史的复活会给戏剧带来什么呢？虽然后现代的世纪末（fin de siècle）已然消解了米勒所诊断的功能丧失，可人类世剧场可以扮演什么角色的问题，其历史哲学位置的变化如何影响其美学规划的问题，都还是不清楚的。查克拉巴蒂的基本论点是，只有当这种艺术形式既与自然又与历史相交融，它才得以被织入塞尔、拉图尔等人编织的网络。

事实上，这种双重联结从一开始就镌刻于剧场之上，只是两种关联通常是被分开来做了考察。如尼采在1872年所言，当神话（"狂野而赤裸的自然之哲学"）被第一批希腊剧作家（他们被称为"神学家"）加工成悲剧，从而成为"狄奥尼索斯智慧的载体"时，这个场景就问世了。在《悲剧的诞生》中，尼采揭示了歌队与自然相和解的特征，并揭示了其基本模式："希腊人为这种合唱歌队建造了一座虚构的自然状态的空中楼阁，并且把虚构的自然生灵置于它上面。"[1]

---

[1] 中译参见尼采：《悲剧的诞生》，孙周兴译，上海：上海人民出版社，2018年，第67页。——译注

因此，狄奥尼索斯精神主要源于它与自然的关联。狄奥尼索斯机制有着多重编码，与陶醉、狂欢、狂喜、音乐、舞蹈、合唱以及季节有关。就源起而言，尼采以周期性重复的、宗教崇拜的节日为戏剧的诞生地，这些节日对于任何农业文化都具有生存上的重要性。春季和秋季、播种和收获的农业转折点，形成了这些节日的仪式高潮，而这些仪式高潮的中心又是"解体"和"撕裂"这样的狄奥尼索斯范畴。剧院虽是城邦的产物，其根源却是农业社会的这种仪式或崇拜基础。城邦性或大型的狄奥尼索斯节总是在春天庆祝，这也印证了上述看法。对这位神灵的庆祝活动的时间安排，指向他对"植被的肥力和生长的责任"（丹尼尔·门德尔松语）。同时，戏剧从一开始就进入了时间之中，既与起源又与曾在者相关。它与死者崇拜的关系可以从这样一个事实中看出：祖先"由奴隶表演，仿佛活的傀儡，穿着过去世代的长袍"（克劳斯·海因里希语），端坐在剧院的第一排，列席演出。

戏剧的影响又是朝向未来的。留存下来的有史以来的第一部悲剧，埃斯库罗斯的《波斯人》，就证明了这一点。这部剧的意图是摧毁希腊人和波斯人之间的敌对形象。欧里庇得斯也想影响国家的命运和未来。他的《特洛伊人》为阻止雅典的干预政策、反对入侵西西里投上了一票。"雅典戏剧的命运与雅典政治史的这种奇特扭结"（丹尼尔·门德尔松语）揭示了哪些（人类所创制或有着神圣来源的）礼法在被打破，以此介入人类所创造的历史这一极。因此，安提戈涅违反了不能埋葬波吕尼刻斯的禁令，俄瑞斯忒斯对自己的母亲执行了父权，俄狄浦斯（尽管在不知不觉中）打破了基本的禁忌，彭透斯潜入了酒神仪式的禁区。悲剧尽管是民主制的艺作品，而民主制预设了权力的可能交接，可正如埃斯库罗斯在《七将攻忒拜》中所展示的那样，这并不是理所当然的。俄狄浦斯的儿子厄特克勒斯和波吕尼刻斯相互约定，每年轮流作王。当厄特克勒斯不守协议的时候，波吕尼刻斯就率军攻打自己的母邦。在随后的战斗中，两兄弟互相残杀。父权或母权，更高的个人的或家庭的利益，与通行的法律、有约束力的道德前设或政治格言相违逆之物，围绕这些主题的争议是一个不断被重新改写，并通过被改写而延伸至现代的主题。莎士比亚的宫廷戏剧展示了（封建主义）运作中凶残的权力机器。从莱辛到布莱希特，从狄德罗到萨特，戏剧致力于影响未来。甚至贝克特和米勒的作品，也通过捕捉历史的曙光，而关乎未来。

生存上的转折点和权力背景下的竞争构成了形构悲剧艺术作品之能量领域的两极。

虽然循环转换的矩阵在一极决定了事件，人际冲突却产生于城邦的逻辑及其有时代性的问题视域。历史领域的游戏规则不同于自然领域，在自然领域，破坏是自我更新的生命不可或缺的先决条件。戏剧同时被锚定于城邦（即政治世界），在法律和禁忌的范围内，也植根于召唤自然力量的仪式之中。这种双重特征使得舞台成为历史和自然之人类世遭遇的命定之地。不过，作为排他性的自然关联，狄奥尼索斯精神在悲剧中所占据的这一极，并不能毫无减损地转入戏剧。在市民戏剧和传统政治戏剧中，它被重编为一种田园诗背景。因此，在这种戏剧小说的人类世篇章（自然将以决定各个地区、整个国家和社会命运的显赫地位进入未来剧场）开篇之前，看来有必要预先转向狄奥尼索斯影响力的破碎中心和荒凉地带。

三、悲剧的逻辑

尼采虽然让欧里庇得斯为悲剧的死亡负责，可他也在其《酒神的伴侣》中看到了一种用悲剧手法所做的自我批判。只不过，这种对其一贯的反悲剧立场之"可行性的抗议"，只能是徒劳的。欧里庇得斯的转向来得太晚了，"当这位诗人要收回自己的意图时，他的意图已经得胜了。狄奥尼索斯已经从悲剧舞台上被赶了下来"。《酒神的伴侣》反思悲剧艺术的崇拜根基，谋划了一种元悲剧（Meta-Tragödie）。这是狄奥尼索斯这位官方的剧场之神唯一一次亲自出场的悲剧，这位神祇的来源之地位于城邦之外。城市与乡村、社会与野蛮之间的对立导致了忒拜国王彭透斯与宙斯之子的冲突张力，这位宙斯之子正经过长途跋涉从印度返回家乡。他的动机，如剧中随后所揭示的那样，是要为他死去的母亲复仇。塞墨勒是城邦创建者卡德摩斯的女儿。当怀孕的塞墨勒向她的姐妹们透露出情人的名字是诸神的统治者宙斯时，大家都怀疑宙斯就是孩子的父亲。充满疑虑的塞墨勒于是恳求宙斯现出原形，当她的神性求爱者作为自然力而现身的时候，塞墨勒就丧命于雷电了。宙斯亲自分娩，拯救了胎中婴儿。这是前史。当狄奥尼索斯要进入忒拜城时，城中陷入了狂热的不安，因为忒拜妇女跑到城外，和狂女们（狄奥尼索斯的女弟子们）一同庆祝狂喜的节日。

出于好奇，国王彭透斯在逮住狄奥尼索斯的尝试失败之后，接受了他的建议，前去观察庆祝者们。他穿上女人的衣服，跟随以动物形象现身的狄奥尼索斯，离开了城邦。狄奥尼索斯可变形为自然力，这表明了他与城墙之外的世界的联系、与农业文明和文明程度更低的领域以及与非人世界的联系。他以公牛的形象陪伴忒拜城的统治者来到舞池。只有当事前毫无所知的祭品从动物的形象中认出了神，也就是离开了作为人与人之间有效秩序的城邦空间，以齐平的眼光来看待自然力的时候，与整体的暂时和谐才建立起来。

彭透斯：

> 啊，我好像看见了两个太阳，
> 两个忒拜——我们的有七个城门的都城；
> 我看你像一条牛在前面引导我，
> 你头上长了犄角。
> 你原是一只野兽吗？
> 现在你真变成了一头牛。

狄奥尼索斯：

> 因为神和我们同在，
> 他先前敌视我们，
> 如今同我们讲和了。
> 现在你看见了你应该看的现象。

狄奥尼索斯以公牛的形象，把生自龙族的战士埃奇翁的儿子彭透斯带到节庆和献祭的场所，让他等待自己的命定的死亡。为此，歌队热情地欢呼：

> 让我们为巴克科斯歌舞，
> 让我们为龙的后人彭透斯的遭遇而欢呼，

> 他穿上女人的衣服,
> 拿着大茴香秆做的美丽神杖,
> 自取灭亡,还叫一头公牛把他引到灾难里。

按照悲剧的逻辑,在被发现之后,彭透斯就要被处死。在处死他的人中还有他的母亲,她在迷狂之中把他看成了一头幼狮,而幼狮事实上正是他的象征符号之一。撕裂/复活的行为在戏剧构作上由变形所引发,这是所有模仿性戏剧的基本操作。变形是悲剧的这一方面的基本组成部分,源于一个以人类为中心的世界之前的世界。如罗伯特·波格·哈里森(Robert Pogue Harrison)所言:"狄奥尼索斯是一个不断变形的动物神,变成狮子、野猪、黑豹、蛇、公牛或龙。"

四、变形的真理

悲剧之神自己所体现的变形,既指向自然过程,也凸显了剧场游戏的独特之处。变形和撕碎事件在与自然相近的一极中对悲剧语法做了变格。然而,鉴于其可怕的结局,如果不关联于自然在春天的复活,歌队的欢欣鼓舞似乎完全难以理解。被撕碎的国王成了下一个祭品,遭受了狄奥尼索斯之为植被神的典型命运。

这是因为,正如宗教哲学家克劳斯·海因里希(Klaus Heinrich)所言,悲剧的神话叙事在自然过程中有其绝对的实在基础:"神话只在一方面是年复一年不断在上演的过程……神话每每在讲述着死亡与撕裂,可又不止于此:每一年,都重新开始,成长、开展,然后再次携带死亡的萌芽——这个不断的循环是救恩的许诺(在上演和讲述的现实中),这构成了神话的另一面。"从仪式中成长起来的世俗化悲剧,被构造为与盲目运行的自然节奏相平行的行动,目标则在于确保永恒的和每年的复返:"悲剧如是上演,悲剧中却还有希望的现实根据:悲剧英雄的痛苦,一方面让人得以与之相认同,另一方面意味着复活和新生。正如狄奥尼索斯这位悲剧之神,既受苦(被压在榨汁机上,被碾碎)又以新的方式复活(作为鼓舞人心的精神性物质,即作为葡萄酒而复活)。"

无论从根基处的献祭崇拜到戏剧和悲剧(以及从陶醉和狂喜到酒神颂歌)是如何过渡的,也无论从面具背后的神性流溢向诗人的文本角色在细节上是如何转换的,以神话为根基的游戏都遵照悲剧的逻辑。其因果关系源于自然的循环,而自然本身被转变、变形和复活所规定。复活又以衰败为前提,没有秋冬就没有春天。

没有播种就没有收获,荷尔德林笔下的恩培多克勒着眼于自己的死亡说道:"成熟之前/先要开花!"以春天萌芽的复返(即圆轮的重新转动)为视域,死亡和相关的恐怖构成了悲剧的中心或整体主题。这当中的逻辑不是从个体的观点来看的,对于个体来说,终结仍然像从前一样可怕;而是以物种的眼光来庆祝,物种通过个体细胞的消逝实现了自我更新。

米勒在一个为所有戏剧诗学奠定基础的理论中确立了狄奥尼索斯之根的双重性:"戏剧在生死一体中讨论变形的欢乐/恐怖。"米勒的公理定义了悲剧语法对于剧场的基本功能。上升和下降,农业和生物循环的这两个不可或缺的阶段构成了戏剧场景从中生长出来的极点:"生与死就是戏剧的公式。戏剧的效果,它的影响就在于对改变的恐惧,因为最终的改变就是死亡。人们可以以两种方式面对这种恐惧:喜剧以嘲讽面对死亡的恐怖;悲剧则庆祝死亡。"

和米勒一样，阿尔托也把变形的力量注入舞台。当米勒召唤"变形的恐怖"时，这位超现实主义戏剧的前瞻者在20世纪30年代参加了墨西哥原住民的仪式，依照狄奥尼索斯传统，把他们的艺术看作相似的、激起恐惧的实践："在我看来，真正的戏剧总是一种危险和可怕的实践。"这是《戏剧与科学》这个宣言式文本的开篇语。他在这个文本中试图复活戏剧的迷狂特征及其魔法般的、与药物相近的根基。不过，他不是要在自然的循环中看见一种复活，而是要通过戏剧来逾越死亡的边界。他把人类身体（以及动物身体？）之可朽归结为一种恶念，而变形的技术可以让人遗忘这种恶念："今天没有人能够相信，除了时间和死亡，还有什么能够改变一个身体。不过我再说一遍：死亡是一个被发明的状态……人类身体之所以会死亡，是因为我们忘了对之加以变形……宗教、社会和科学因此在人类意识中赢得了一种卑鄙、虚无的草率，让他在某一刻离开身体，让他相信，人体是短暂的，在很短的时间之后注定要消逝。"

在另一处，阿尔托梦想着舞台是"火和血肉的熔炉"，"通过敲击骨头、四肢和音节"，身体在那里"更新"。如果说死亡被米勒视为通往某种未知的过渡因而令人恐惧，那么阿尔托就要求对不可能性做一种艺术的演习，造成不朽，把舞台宣告为一场"彻底的生理学革命"的发生地。

五、诗艺之为巫术

两位戏剧上的远景规划者对媒介力量的赞颂都回溯到了同一个领域，在这个领域，变形长久以来都可以要求一种不受挑战的有效性。而这个领域正是柏拉图所谓"哲学与诗艺的古老争执"的发生地。在这场争执中，变形有着核心的战略意义。哲学基于逻辑，所以从哲学的角度看，变形并非可靠的真理操作。它毋宁是巫师之事（Sache der goés），一如巫术和魔法，即便诸神也"知道如何用各种形象欺骗"我们（《理想国》第2卷）。艺术家，特别是诗人，就负责创造波动的幻象。尤其是荷马，他的诗句细致地吟唱诸神的变形，这种变形有时就是为了误导。库尔特·斯坦曼（Kurt Steinmann）强调了变形的中心地位："戏剧是对狄奥尼索斯这位葡萄酒、狂喜和变形之神的敬拜。"

生命每年的植物性复返构成了"悲剧的秘密学说"的隐秘内核，尼采为之招募使徒。在他看来，这种秘密学说基于"关于万物统一的基本认识，把个体化当作祸患之始基"。然而，按照悲剧的逻辑，如果撇去地球上非人性的居住者不管，就无法看到整全。如史前的图腾崇拜所揭示的那样，非人性的地上生命同样与诸神相连。在这个语境中，如菲利普·德斯科拉（Philippe Descola）所言，人类学会了说，这是"在人与非人之间错误地划下了一条过于清晰的界限"。这样严格的界限是在悲剧之后才被划出的。阿里斯托芬的喜剧才以《云》《马蜂》《鸟》和《蛙》等标题宣告了一个人类中心主义的世界秩序。在这个秩序中，非人的形象相当明显地隐喻着人类的处境。

互相对立的农业节点无可阻挡地重复交替，这构成了悲剧的逻辑，一如这些农业节点随着新石器革命带来的农业、家畜驯化和定居，首先塑造了地中海东部共同体的文化生活。因此，悲剧代表了一种括号，类似于埃德加·莫林（Edgar Morin）所谓"遗失的范式"。它的功能是将三个独立的术语"个体""社会""物种"以及"同时存在于三者之间的关系"焊接在一起。动物与人、自然与文化之间的复杂关系于是就"使'人'必须被理解为一个三位一体的概念"。

除了个人与社会的关系这一戏剧的基本张力，悲剧中还存在一种非人的外部力量。对于尼采来说，这种形式的魅力正在于，它将"美与艺术作为那种要打破个体化之界限的快乐希望，以及作为对一种重建的统一性的预感"来想象。从这种悲剧逻辑的分析出发就会出现一个问题：为什么悲剧崩溃了，并与民主一起同时从雅典的戏剧节目中消失了？

六、逻各斯反神话

悲剧的消亡，或者尼采所谓"悲剧的自杀"，见证了一个巨大的认识断裂，这个断裂发生于悲剧性的节日——雅典的酒神节。哲学思想和悲剧思想之间的分界被概括为"逻各斯反神话"，《悲剧的诞生》将这种分界等同于明亮的世界关联和幽暗的世界关联、科学和悲剧之间的矛盾。这种矛盾所孕育的意涵导致了剧场之自然关联的丧失。

如意大利文化史家罗伯托·卡拉索（Roberto Calasso）所言，当柏拉图发起反荷马的战争时，他的矛头尤其指向了变形领域："这是一个被哲学所敌视的领域，一个不屈不挠的力量的领域，其见证人——诗人——将被排除在国家之外。"这是一次"大规模"的毁坏整个知识形式的企图，因为一方面是诗歌，另一方面是苏格拉底—柏拉图哲学，这"两种敌对的知识类型"陷入了相互冲突。

认识论中的同一性逻辑与神话性变形关系中的思维（以及与后者相关的周期性重复的范畴）在认识论上是不相容的。正如卡拉索在《寓言的恐怖》一文中所解释的那样："第一种形式必然是叙事的，在这种形式中，知识都在我们遇到神话的地方显现。所有的文明都包含了这种类型的知识。相反，命题性知识（a 是 b）是很晚才出现的，并且只在少数几个地方出现，其中之一是古代希腊。最终的对立因此或许就在于：一方面是我们今天所谓的算法性知识（一连串的命题、符号，由系动词联结而成）；另一方面则是一种变形的知识。"作为一个物种的人类，通过变形置身于地上的其他居住者之间。从这个角度来看，哲学—科学思维与悲剧的世界考察之间的冲突，是自我构型的西方科学文明及其知识工具这一特例与一个其中居住着极不相同的各类主体的宇宙之间的冲突。"悲剧的没落同时也正是神话的没落"，尼采的这个结论总结了这种冲突的结果。

七、"伟大的潘神死了"

哲学和科学取代了诗，取代了作为多义性真理的神话和隐喻，这在认识论层面上也就意味着对变形的否定，意味着一同斩断了与自然力的关系。对自然力及其神话或"史前母体"（米歇尔·塞尔语）的脱离，与世界的理论构建一体两面。在这个意义上，法国科学理论家加斯东·巴什拉说："科学精神必须通过反对自然才能建立起来。"塞尔对此做了详细阐述："物理学，这门有关于世界的科学，把史前母体抛在身后……将之杀害。而这个母体实为一种有关于人的科学、一种有关于人的远古话语。"（可以补充说，它也有关于人类与自然要素、非人性实体的关系。）科学思想消灭了尼采所谓"悲剧思维"，或塞尔所谓"哲学"。这种思维形式通过神话和变形而具有变动处理能力，能够描绘自然的转变及其在象征性关联空间中的节奏，并与之形成一种模仿性或图像性关联。从这个角度来看，史前思维代表了一种早期的话语类型，它将自然力把握为"作用力"（斯宾诺莎语）。

概念性思维则带来了人类中心主义的转向，在这种转向中，论述性思维不再将自然视为位于外部的不同参数的集合体。它废除了彼得·斯洛特戴克所描述的"地球公民以人性和非人性形式所进行的神话般的同居"。

随着悲剧之死，自然丧失了自身在符号家政中的至关重要的声音，狄奥尼索斯及其秘仪追随者被排挤入文化的边缘地带。对于这种腐化和范式转换，普鲁塔克的记载具有象征意义。在提比略统治期间（公元14—37年），一个叫塔姆斯的埃及水手在希腊海岸前听到了一个声音，受命宣告："伟大的潘神死了！"半人半羊的牧神潘是悲剧之神狄奥尼索斯的随从，尤其负责舞蹈和音乐、生殖和狂喜。在接下来基督教占据主导的文化中，曾经唱过悲剧之歌、长着山羊角的萨蒂尔（尼采名之曰"虚构的自然生灵"）被斥为恶魔和邪恶的象征，并被流放到信仰来世的文化的外部。舞台上的演习与置身于自然关联的物种（这二者之间的联系被尼采做了狄奥尼索斯式的范畴化处理）现在被清除了痕迹。

从人类世的角度来看，潘神的形象意味着尚未被同一化的行星；而从文化史的角度来看，潘神的声音被一个全能的造物主的经书所取代了，物种在单一标本中的复活则被造物主的允诺所取代。不过，这允诺要在末日才会兑现。以科学和随之取得胜利的人类中心主义的名义，诸神或另外一些形而上学存在者的存在论被净化了。早在公元前4世纪，亚里士多德就在他的政治哲学著作《政治学》中宣称："自然是为了人类才创造了所有这些造物。"这话已然设定了后来的路线。17世纪的培根和笛卡尔在这个传统中为现代科学带来了转折。实验科学之父培根断言："世界是为人而设的。"笛卡尔则把人理解为"自然的主人和所有者"。

八、荷尔德林的歧途

伊丽莎白时代的文艺复兴带来了市民戏剧的萌发。莎士比亚位于封建制度和货币经济的历史交接点上。在他那里，站在舞台上的除了贵族的代表之外，还有商人。他们与商业资本有着特殊的关系，而不是站在衰落的一边。大自然的力量尽管偶尔显露，却是像《麦克白》中的女巫那样位于历史的边缘，或者像《仲夏夜之梦》中那样，在迷幻药草的帮助下显现。可最晚到莱辛那里，这条狄奥尼索斯之路就消失了。在他的悲剧里，市民们的力量仅足以通过自杀把自己和邻人的生命扔向天平。

席勒笔下的威廉·退尔这样的主人公来源于农村，有其自然根基。与矫揉造作的贵族相比，他可谓一个相反的类型，但并没有给这个植根于土地的大众阶层留下悲剧的印象。退尔的儿子没有在著名的射苹果场景中丧生，在反抗法律和已颁布的法令的过程中，瑞士人退尔也没有以其他的方式丧生。在克莱斯特仅仅几年之后创作的《赫尔曼战役》中，歇鲁斯克人赫尔曼的遭遇同样如此。日耳曼诸侯的领袖在与罗马世界王国的冲突中也安然无恙。这部剧中的人物虽然都是王公贵族，可从结构来看，它实为一出市民戏剧。

且不管这种部分的一致，这个文学的马鞍时期，德国古典主义和浪漫主义的十字路口，对希腊葡萄酒和戏剧之神的命运都将具有巨大的意义。尽管对他的崇拜（其鼎盛时期恰逢古代民主时期）受到侵蚀，可狄奥尼索斯之为艺术神祇将迅速在德国走红。狄奥尼索斯作为艺术哲学代表的回归，其决定性因素恰是德国分裂成无数小国的状态。

与英、法两国不同，无论是公民自由还是资产阶级意义上的政治改革,都无法在三十年战争后陷入分裂的德国领土上得到贯彻。在这些都受阻的情况下,一些诗意的德国知识分子转向了"希腊诸神"(席勒1788年的一首诗的标题)。福音来了。"作为最后一位被纳入奥林匹斯的神祇,作为陌异者、东方居民,作为溶解之力,狄奥尼索斯迁居德国。"卡拉索用这样的句子描述了荷尔德林、谢林和相关论战者的努力。他们通过召唤神话的力量和模式,为支离破碎的德国的资产阶级发展提供动力。然而,向戏剧之神的进步暂时无处可去,因为召唤众神也是"召唤致力于崇拜他们的共同体"(瓦格纳语)。如瓦格纳所言,"他们环顾了被拿破仑风暴震撼的小国,不知道该坚持什么。无论是解体中的社会还是新兴社会,都与古代的共同体没有任何关系,这些共同体通过秘仪以及通过我们所知的阿提卡悲剧的仪式来了解神圣事物。在这一点上,浪漫主义者的雄辩陷入了沉寂"。瓦格纳这时还没有让自己出现在历史的地平线上。仅仅意识到苦难还不足以引发一种如悲剧所最终代表的那种"政治崇拜"(拉库埃-拉巴特语[Philippe Lacoue-Labarthe])。当务之急是要与时局并行。看一眼现在的剧院就能明白,尽管问题背景分外紧迫,可人类世尚未在象征性领域引发地震。

九、玄想中的自杀

不过,与今天的情况相反,发生在青年浪漫派身上的有关悲剧的神话—诗性事故,可获得精准的确定:荷尔德林的悲剧《恩培多克勒之死》尽管几经尝试,还是以碎片的形式淤积了起来。然而,他的尝试恰恰在概念上包含了在此得到开展的问题,因为遇难的悲剧主角,哲学家恩培多克勒,完全通过一种与自然的关联而得到了定义:

据说，凡他漫游处，
植物注意到他；
凡他的棍棒所触，
地下水向上喷涌！

但是为了上演"没落"这一悲剧秩序的美学圆角，他为主角预设了自由的死亡。这种自愿的死亡不能有形而上学的彼岸做慰藉性补充，这样才能为对死亡恐惧的克服提供一个例证。身体融入景观，从而融入历史和大地，是这些思考的关键。这可谓一个对价值进行悲剧性重估的计划。

迪莉娅：

看啊！大地庄严
而友好。

潘西娅：

是啊，庄严，现在愈发庄严了。
没有哪个如此放肆，能够
不接受赠礼就与她分离。
而他大约还逗留于你的绿地
哦，大地，你这变幻者！

面向地球的态度是这个角色的真相，因此要给他配备一个命运性的剧本。荷尔德林的意图，是要在他的自然和解概念的框架内，将死亡的极点转化为对这个世界的表白，进一步的叙述阐明了这种意图。

星球有节奏地变形，而死亡则被作为其中的一个阶段来歌颂（"哦，大地，你这变幻者！"）。不过，荷尔德林并未成功地仅仅从对这个角色的洞察出发，令人信服地"为玄想中的自杀做辩护"（拉库埃-拉巴特语）。

索福克勒斯的戏剧《俄狄浦斯在科罗诺斯》可谓悲剧领域成功调和死亡的典范，而荷尔德林翻译了它的大部分。年迈的俄狄浦斯在挖了自己的眼珠并离开忒拜后，独自一人由他的女儿安提戈涅陪同，以盲人乞丐的身份穿越了这个国家。就像旷野中的彭透斯一样，死亡在城外降临在他头上。在神圣的科罗诺斯树林里，他以高龄死于一种和解性死亡："哦，感谢大地／你幸福地死在同类身旁。"（荷尔德林语）从杀父娶母到被驱逐流放，作为死者，他又被共同体所接纳。单单这种命运的高度，就其无可预见的曲折而言，是无可超越的。恩培多克勒则不同。正是因为他的生活几乎没有任何裂痕，他的结局延续了他以前的模范生存，因此不可能创造出对立的张力结构。而正是这种结构，才将悲剧定义为冲突的形式。

当荷尔德林在《恩培多克勒之死》中徒劳地挣扎着，试图将和解的死亡变为一个积极的概念时，他的图宾根室友黑格尔则让死亡的恐怖或其消极性变得富有成效。《精神现象学》中的"主奴关系"章把对死亡恐惧的克服提升为封建制乃至一切统治的基础，悲剧性的"死亡"概念也由此得到构造：主角是那些用自己的生命去通往"自身意志的尽头"（雅克·朗西埃语）的人。随着对自身死亡的处置，主权的领域打开了。生命的使用而非生命的终结，产生了那种将自身集聚成戏剧性叙事的意义，因为它在历史性的社会空间中遇到了阻力并引发了冲突。就像黑格尔的主人阶级一样,在古代以及伊丽莎白文艺复兴时期或法国古典主义时期,阴谋的主角来自自信的贵族,他们站在与死亡相亲熟的基础上,并认为创造历史是自己的任务。

而用恩培多克勒自愿跳入西西里岛的著名火山这一逸事来取代传统的冲突模式,将其用作死亡庆典的出路,看来是条死胡同。死亡乃是"一切戏剧的遁点"(海纳·米勒语)。试图消除死亡的陌生感则预设了为死亡而死亡,或为了与自然和解而死亡。但这与演化的基础相矛盾。自我保存的本能属于一切生命体的基本意图。死亡的恐怖可以通过充分发动的意志来克服(就像安提戈涅或真实的历史人物苏格拉底所证明的那样),但不能被否认。

克里斯蒂安·迪特里希·格拉贝(Christian Dietrich Grabbe)这样的作家在笔下堆积了暴行,而没有将这些暴行转化为审美愉悦,而荷尔德林则无法说出悬搁自我保存本能的(文化革新性?)原因。没有自我牺牲的动机,对死亡的肯定就无法有力地发展。从这个角度来看,拉库埃-拉巴特关于这些方案是基于元悲剧模型的描述,只是部分正确的。荷尔德林的错误在于,他消除了对政治极点具有决定性作用的违法行为,从而逃脱了首先启动悲剧引擎的触犯禁忌的行为。这个失误带来致命的后果。面对这种片面性,他别无选择,只能将死亡转化为对其无效性所做的一种证明。这造成了巨大的张力损失。但对于个人来说,死亡保留了它的消极性。只有从超越个体的种属自我(Gattungs-Ich)的角度来看,死亡才能被认定为物种的永恒更新。

尼采对这个问题的解决受到叔本华的影响。作为表面情绪的痛苦挣扎被转移到假象领域,而悲剧的真相则由产生幻觉性形象火花的音乐来传递。它们的不和谐造成了悲剧性效果,"一次又一次地向我们启示了原始欲望的流溢、个人世界的游戏性开凿和粉碎"。狄奥尼索斯式的行动者不是个体(这是尼采对荷尔德林的校正),而是那在舞蹈和歌唱的歌队。荷尔德林的巨大功绩在于,他试图重新激活被市民戏剧所孤立的狄奥尼索斯精神的极点。但是,因为撤去了政治极点,叙事几乎丧失了一切历史意义。而这带来的危险在于,被歌唱的是一个"枯萎灵魂"(黑格尔语)的死亡渴望,或尼采所谓"无可照亮者"的旋涡。尼采曾试图用他自己的"恩培多克勒悲剧"来延续荷尔德林的方案。可他的悲剧并没有超出草稿的范围。不过,研究表明,这些草稿对于后来的查拉图斯特拉形象具有决定性意义。根据巴贝特·E.巴比奇(Babette E. Babic)的说法,作为永恒轮回的教师和代言人,恩培多克勒是尼采的查拉图斯特拉的典范。

十、悲剧之源

从一开始,重振悲剧的努力就植根于德国苦难的独特处境中。因此,彼得·桑迪(Peter Szondi)在20世纪60年代初总结说:"直到今天,'悲剧'和'悲剧性'概念基本上仍然是德国概念。"他说这话的时候同时着眼于哲学。这一初始状况的特殊性质将舞台与国家的历史命运紧密结合在一起,同时也影响了德国戏剧的独特活力。从瓦格纳到布莱希特再到米勒,德国戏剧孕育了几代剧作家和歌剧脚本作者。他们不仅用自己的戏剧塑造了世界舞台,而且用自己的戏剧理论规划开创了意义深远的形式创新。

尼采在他写给瓦格纳的悲剧理论中多次指出了这种理论显著的政治品格,与"悲剧的重生"相关联的是"德意志民族的又一个神圣希望"。在诠解狄奥尼索斯精神的时候,他念念不忘的是"我们要处理的是那个严肃的德国问题,我们把这个问题置于德国希望之中心、视之为旋涡和转折点的做法是有道理的"。他把分裂称为"真正的狄奥尼索斯苦难",显然相应于德意志邦国林立的噩梦。因此,在形式分析的层面上,克服碎片化是瓦格纳的技术创新必须面对的核心问题。

如果说克莱斯特曾以《赫尔曼战役》反对邦国林立的局面(在这部作品中,日耳曼众部落为了增强军事战斗力而统一在了一个指挥之下),那么瓦格纳用总体艺术作品创造了一种综合性形式,综合了戏剧创作中涉及的各式艺术,以此获得强度、激发个体观众,使之消融于观众共同体之中。就此而言,狄奥尼索斯的命运在尼采和瓦格纳那里发生了一个决定性的转折,因为18世纪末和19世纪初的剧场所未能成就的,现在能够借助音乐达到了。音乐为神话要素注入了新生。这在显著的政治主题之外,也把与自然相亲近的第二条线索融入了舞台艺术作品。尼采在《悲剧的诞生》中对这二者的融合可谓天衣无缝。他因此把沉睡的德国刻画为"一个沉睡的骑士,安睡于一个无法通达的深渊,狄奥尼索斯之歌从中升起……可别以为德意志精神永远失去了它的神话故乡,因为它依然清晰地听懂了那述说着故乡的鸟鸣"。尼采这是在暗指北欧神话,即所谓《埃达之歌》。在《埃达之歌》的叙述中,英雄西古尔德屠杀了巨龙法夫纳,当法夫纳的血滴在他的舌头上时,西古尔德听懂了鸟的语言。这个主题此后多次被提及,它印证了英雄与自然相和解的一面。在《尼伯龙根的指环》中心处,瓦格纳还将之谱成了曲子:

齐格弗里德:

>　　林中鸟儿
>
>　　似乎正在对我说话！
>
>　　舔下这血
>
>　　对我有好处？
>
>　　听这古怪小鸟，
>
>　　对我唱什么？

林中鸟的声音：

>　　嗨！齐格弗里德如今
>
>　　将获尼伯龙根的宝藏！
>
>　　呵，他将在洞中
>
>　　找到宝藏！
>
>　　若把隐身盔拿到手，
>
>　　他就能够做开心事：
>
>　　他若把那指环拿到手，
>
>　　他就成为世界的主宰！

齐格弗里德：

>　　可爱的小鸟，
>
>　　谢你忠告！
>
>　　愿听你召唤！[①]

[①] 中译参见瓦格纳：《瓦格纳戏剧全集》下册，高中甫、张黎等译，北京：中国文联出版公司，1997年，第307—308页。——译注

在这一处，音乐和神话一样说起了自然的语言。这个等同对于瓦格纳来说具有根本重要性。"乐队就好像大地，安泰俄斯的双脚只要接触地面，大地就会给予他新的不朽的力量。"瓦格纳在其纲领性著作《未来的艺术作品》中如是写道。瓦格纳以安泰俄斯来做类比，大力士赫拉克勒斯只有将这位大地女神盖亚的儿子高高举起扼住咽喉，才将他制伏。

正如弗里德里希·基特勒（Friedrich Kittler）所说，这种自然、神话、音乐、语言或声音的联结，早在德国浪漫派那里就已经有了，它将大地与戏剧或歌剧、抒情诗和诗歌联系起来。没落或死亡的主题在瓦格纳的音乐戏剧中无处不在，无论是齐格弗里德的结局、提图雷尔①和阿姆佛塔斯②的结局，还是有情人特里斯坦和伊索尔德的结局都被搬上了舞台。或者一般而言，诸神的黄昏的视域被打开了。

十一、布莱希特与瓦格纳

狄奥尼索斯要素在现代的这种成功的重建很快就遭遇了强大的阻力。尼采自己也越来越和悲剧观念拉开了距离。在以《自我批判的尝试》为题的增补前言中，他在一个段落中把瓦格纳的音乐比作麻醉剂，从而否定了自己对一种英雄主义的赞美。瓦格纳戏剧的激情在他眼中被揭示为代用品：

> 让我们来想象一下正在茁壮成长的一代人，他们有着这样一种无所惧怕的目光，他们有着这样一种直面凶险的英雄气

---
① 《帕西法尔》中的老国王，阿姆佛塔斯的父亲。——译注
② 《帕西法尔》中重病在身的圣杯骑士之王。——译注

概；让我们来想象一下这些屠龙勇士的刚毅步伐，他们壮志凌云，毅然抗拒那种乐观主义的所有虚弱教条，力求完完全全"果敢地生活"——那么，这种文化的悲剧人物，在进行自我教育以培养严肃和畏惧精神时，岂非必定要渴求一种全新的艺术，一种具有形而上慰藉的艺术，把悲剧当作他自己的海伦来渴求吗？……

岂非必定要么？……不，决不是！①

尼采所开启的与瓦格纳作品的哲学论辩持续到今天。阿多诺、拉库埃-拉巴特、齐泽克和巴迪欧接续了这一争论。没有哪个艺术家像总体艺术作品的设计师这样，让这么多著名的哲学家为之写作专著——当然，这和纳粹对他的利用也有关系。在电影《希特勒：一部德国电影》中，汉斯-尤尔根·西贝尔伯格（Hans-Jürgen Syberberg）让希特勒从瓦格纳的坟墓中走出。米勒的诗《拜罗伊特的肥皂》以这样一行结尾："在这儿/肥皂香中生出了奥斯维辛。"当布莱希特多次称第三帝国为拜罗伊特共和国时，他就已经建立了这种致命的联系。

从表面上看，布莱希特的厌恶是出于政治动机，但这与他自己的史诗性戏剧的构建原则密切相关。布莱希特的戏剧模式也被形容为辩证的或科学的，这是针对瓦格纳的"综合性总体艺术作品"（弗里德里希·迪克曼语），提供了一个"分析性"替代方案。神话和悲剧被归为不再合乎时宜的世界占有形式，没能攀上科学和技术发展的高峰。

---

① 中译参见尼采：《悲剧的诞生》，第13页。——译注

布莱希特把"陶醉"（一个核心的狄奥尼索斯范畴）与"清醒"对立起来。不是对狄奥尼索斯精神的诉诸，而是世界的祛魅，推动了历史的引擎。谁要是掌握了科学，他就不必在龙血里沐浴了。虽然布莱希特早期仍然把自己的教育戏剧理解为学习死亡的实验领域，但史诗戏剧否认了对死亡的悲剧性聚焦，而是明确地用舞台服务于生活艺术，"生活的艺术才是所有艺术中最高的艺术"。布莱希特明确反对悲剧，并创造了一种不想压倒或席卷观众的戏剧风格。尽管如此，他的观念仍然是一种对悲剧问题的反动，因此仍然位于德国历史之中。没有瓦格纳，就不会有布莱希特。

当布莱希特自觉地对立于瓦格纳和悲剧情结，史诗性、科学性戏剧置身于以神话为基础的总体艺术作品的对立面，在二者之间的张力领域中就再次爆发了一种认识论差异。这种差异早在古代已然在逻各斯和神话的争执中决定了战斗形势。当然，这场战斗发生在美学领域。在19世纪20年代的《美学讲演录》中，黑格尔通过将美定义为"理念的感性显现"，将艺术置于真理的监护之下。一个世纪之后，布莱希特重复了黑格尔的做法。在其戏剧理论代表作《戏剧小工具篇》的前言中，布莱希特主张的是理性与美的包豪斯理想："今天，甚至可以写出一种精确科学的美学。伽利略已经谈到了某些形式的优雅和实验的机智，爱因斯坦为美感赋予了一种探索功能，原子物理学家奥本海默赞扬了具有美感的科学态度。"

在布莱希特的"科学戏剧"中达到顶峰的黑格尔路线，被文化史考古学家尼采掘去了根基。以理性为中心导致了神话在古代的崩溃，而尼采试图借助康德废除这种以理性为中心的做法。康德及其追随者叔本华把仅只能玄想的领域宣布为科学的禁区。这涉及上帝的实存、灵魂的不朽或形而上学的其他论题。尼采的直觉，是要以艺术和悲剧的名义没收这些传统的宗教领域：

> 但现在，科学……无可抑制地向其界限奔去，而到了这个界限，它那隐藏在逻辑本质中的乐观主义便破碎了。因为科学之圆的圆周线具有无限多个点，至今还根本看不到究竟怎样才能把这个圆周完全测量一遍；所以高贵而有天赋的人，还在他尚未达到生命中途之际，便无可避免地碰到这个圆周线的界限点，在那里凝视那弄不清楚的东西。如果他在这里惊恐地看到，逻辑如何在这种界限上盘绕着自己，终于咬住了自己的尾巴——于是一种新的认识形式破茧而出，那就是悲剧的认识，只为了能够为人所忍受，它就需要艺术来保护和救助。①

"无可抑制"这个漂亮的词语为科学设置了彼岸，只有艺术才能通达那里。这在艺术和科学之间造成了一道鸿沟，因为后者既不能隐喻地回答生存的基本问题，也不能形象地揭示问题，更不要提与之相游戏了。这种分歧激发了20世纪先锋派的灵感。超现实主义者如阿尔托，或原创性地集前卫与介入文学于一身的米勒，将真理和艺术表达之间的区别视为一种非此即彼的选择："真理是一个蚂蚁式理念。比真理远为重要的是想象，是释放了想象的东西。从中才产生了现实……这也就是诺瓦利斯这句话所要表达的意思：'诗意的是绝对实在的。'"通过1986年说的这句话，米勒将自己置于维科所创立的语境中。通过将想象定义为一种（认知）能力，将理性所分裂

---

① 中译参见尼采：《悲剧的诞生》，第133页。——译注

的结合在一起,他从想象中剥除了任意性或装饰性。如此一来,被认识论没收的隐喻正式回到了它在政治戏剧话语中的传统位置:"隐喻比作者更聪明。"(海纳·米勒语)

十二、20世纪的狄奥尼索斯迹象

在古代,城市与乡村、城邦文化与农业文化之间的对立产生了构成戏剧能量场的两极。哲学逻各斯的兴起导致了悲剧性团结的分裂,进而导致狄奥尼索斯式能量中心的衰落和边缘化。悲剧诗歌蜕变成了戏剧文学。从荷尔德林到瓦格纳,再到阿尔托和米勒,都试图复兴亲近自然的对立一极;而与之相反的,则是黑格尔主义者布莱希特所发展的另一种戏剧模式,这种模式将主体从源自前戏剧的仪式渊源的那些魔法残留物中净化出来。在布莱希特和阿尔托那里,两条相对的传统路线成了相反的计划。史诗戏剧明确地诉诸一种自然科学的"真理"概念,而阿尔托则在尼采的狄奥尼索斯解释之上再向前迈了一步,在仪式和魔法方面与非欧洲传统联系在了一起。尽管剧场随着瓦格纳和布莱希特、阿尔托和贝克特发生了根本的改变,可就其悲剧性隐匿点来说,两个多世纪以来几乎没发生什么变化。以一个大他者的名义而做的自我牺牲,如布莱希特在《措施》或米勒在《毛瑟》中所宣扬的那样,随着它所隶属的意识形态一道消逝了。在狄奥尼索斯的一极,鼓舞死亡所带来的自然的豁免,通向了一种虽宏伟却在根本上无助的姿态。荷尔德林的失败,以及阿尔托对失传的变形技术的玄思,都表明死亡的事实既不能被自愿撤销,也不能通过一种不朽的幻觉来化解。

自然不仅仅是可供利用的空间。如果没有政治冲突与这个意义上的自然的结合，如果不对这种关系进行修正，将人与生态系统，与动物、植物、大气和海洋之间的关系理解为存在的基础，那么狄奥尼索斯线索既不能延伸到陆地，也不能规划出人类世戏剧。

要指出的是，从这个语境来看，米勒在20世纪70年代中期成功地建立了一个远远超出他那个时代的美学情结。悲剧逻辑的悖论、丰产以及死亡的肯定和欢庆等狄奥尼索斯式主题都明确地关联于古代传统，而又在显著的政治语境中被聚合起来："厄勒克特拉在此发言；在黑暗的内心，在酷刑的阳光下，向世上的大都市发言。代表受害者，我抛出我所得到的所有种子，我把乳房的乳汁变成致命的毒药。我夺回我所生育的世界，我扼杀自己的大腿之间生下的世界，我将之埋葬在我的耻辱之中。"

米勒的序列将自然和历史（以及城邦，如今发展成了大都市）的主题链密不可分地联系在一起。在《哈姆雷特机器》的结尾处，属于生命语义领域的名词（种子、牛奶、生、死、埋葬）和明确的政治词汇（受害者、酷刑、大都市）混在一处，见证了悲剧思想的传染性。通过隐喻（甚至古代复仇者厄勒克特拉的名字也具有象征意义），酒神线索得以以一种突出的方式被织入暴力和恐怖的主题，从而为20世纪最后三分之一的剧院的原始双极结构设置了一座独特的纪念碑，而这座纪念碑的指向远远超出了时代的地平线。

十三、人类世戏剧的结构

随着人类世的到来，逻各斯与神话两极之间的认识论分配发生了根本的变化。根据塞尔和拉图尔的看法，当自然被人为力量发动时，不可阻挡的构造变化就会发生，这会破坏生态系统的良好循环的稳定性。代表决定性进程的不是地球的变化，而是"我们的行动对它的改变"。"无论是对于古代的法来说，还是对于现代自然科学而言，自然都是基准，因为没有任何主体能够取代它的位置：法或科学意义上的目标产生于一个没有人的领域，这个领域不依赖于我们，无论是在事实上还是在法律上，我们毋宁都依赖于它；可从那以后，它在很大程度上取决于我们，以至于它变得摇摆不定……我们扰乱地球，让它颤抖！地球因此有了一个新的主体。"

地质学家仍在争论"金色道钉"（Golden Spike），即人类世的开端在哪里：是瓦特对蒸汽机的改进，还是另一个重要的日期？无论如何，地球的行为已然与人类的活动相关，在几个世纪甚至几千年内都无法恢复到稳定的框架条件。被人类力量所渗透的自然环境告别了独立于人类的行星条件，并设置了人与地球之间的互动空间。在人类世光亮对于陆地生物的照明中，未来戏剧的幕布已经拉开。

如果从历史来看，戏剧通过切断自然节奏的锚定使得悲剧逻辑失效从而取代了悲剧，那么，随着自然与历史的交错，狄奥尼索斯路线又回到了戏剧结构的内部。同时，这个交错点创建了人类世艺术的历史哲学位置。这种领土化对于戏剧来说具有特别重要的意义，因为这个区域就其为地球上的非人类居民的开放边界而言，乃是传统的狄奥尼索斯疆域，并且（根据拉图尔的说法）指向古代的自然体验："这一次，伟大的潘神亲自加入进来。"

至此为止，引发我们全部讨论的出发点是这样一个问题：人类世戏剧如何关联于有着两个极点的狄奥尼索斯式艺术作品？这个问题可以着眼于认知境况而在两个方面加以区分。首先，人与人之间的何种冲突，即法律和前提的争议，可以得到主题性规定？其次，狄奥尼索斯路线，即神话事件在合唱框架（包括无处不在的音乐）中的古老嵌入，如何扩展到地球环境中？

关于第一点，很明显，人类世剧场是一个冲突的剧场。这是因为，"人类世"作为一个操作概念描述了世界范围内对地球既定周期的干预，并显示了其地质后果。人类所导致的平均温度的上升会导致海平面的上升。这种效应，根据亥姆霍兹极地和海洋研究中心主任柏修斯（Antje Boetius）的说法，已经发生过一次。在330万年前，上新世（Pliozän）[①]的平均气温上升了3至4℃，这造成海平面比今天高出20米。由于与影响气候的排放和人类活动相关（这正是人类世的重点），所以这种态势至少可以通过政治措施来得到减缓。

然而，这在历史领域引发了相当大的冲突，结果如何仍未可知。如果谁像汉斯·乌尔里希·冈布雷希特（Hans Ulrich Gumbrecht）在《未来及其危机简史：人类的黄昏》一书中所做的那样，谴责人类世是"人类的黄昏"之幻影，那就误解了其中的决定性观点。人类世叙事所预测的是，只有当人类不放弃其基于二氧化碳和资源消耗的生活方式时，行星基础才会发生一种对人类物种有害的变化。

反之，从人类世的角度来看，"广阔现在"是一种虚幻的构造，因为它否认了地质参数的相关性。人类世代表了一种事件视野，如果没有采取必要措施稳定生态学上的生命条件，那么这种视野就会吞噬每一种广阔现在。与此相关的社会领域的摩擦预示着冲突的回归，也预示着剧场中的行动的回归。人类世的逻辑被植入了一个介入的剧场，这种介入是以未出生者的名义进行的。而这同时意味着

[①] 从距今530万年开始，到距今约260万年结束。上新世之前是中新世，其后是更新世，接着是全新世。全新世持续至今。但也有观点认为，工业革命后应该另分出人类世。这仍是地质学上有争议的话题。

一种关于人的形象的争论。

经济人（homo oeconomicus）这种以自我为中心、只关心自我利益的人，很难与一种对遥远空间或未来时代的后果负责的态度相容。这样的场景对剧场来说是非常熟悉的。莎士比亚在他的最后一部戏剧《暴风雨》中呈现了普洛斯彼罗这个角色，后者放弃了实现自己的意图（对他的对手的复仇），以便为他的女儿米兰达所代表的下一代提供一个进入未来的最佳开端。因此，人类世戏剧先天地基于两类人的冲突，一类人对"我们的自身生存所必需的参数条件"（迪佩什·查克拉巴蒂语）产生影响，另一类人准备以未出生者之名捍卫地质现状。用契诃夫的话来说：引发戏剧的不是早已成为商品的樱桃园的销售，而是居民、社会或并不直接在场的消费者的生活方式所产生的影响，后者导致这片从荒野中夺来的、得到耕耘的土地变得枯萎或荒凉。这呼唤一种相反的力量得到计划和上演。

十四、诗与地质学

一种基于科学的技术领域的进一步发展对生态文明具有系统重要性。同样，向生态领域的转向对于物种的保护也是不可或缺的。因此，告别以人类为中心的观点与未来戏剧息息相关。如果说早在剧场的悲剧性起源中，政治动物（zoon politikon）已然取代了作为生物（bios）的人，那么在行星时代，人类作为一个物种就必须把焦点放在自身与非人生物和形态的近邻关系上。

2019年春季，生物多样性和生态系统服务政府间科学政策平台（IPBES）发布了一份毁灭性的清单，称"大多数动植物群体中约有25%的物种已经面临灭绝的威胁"。其数量相当于大约100万种。对于这种生物多样性的灭绝负有责任的是"一种在7万年前开始离开其祖先生物群落的非洲猴子物种[①]"（尤瓦尔·诺亚·赫拉利语），而他也因此危及了自己的生存。这种对行星条件的影响要素的明显的茫然无知，要求对人类的自主地位做出一种修正，而这种地位是他在从自然环境中解放的过程中赋予自己的。人类世要求人类在历史地质空间中的去中心化。

在这个过程中，艺术和戏剧起着决定性的作用，因为只有它们才能创造出一种不仅涉及人类，"而且涉及与他有关联的存在者的整个共同体"的宇宙论——德斯科拉如是概述一种扩展至自然人类学（Naturanthropologie）的人类科学规划。从现代性的角度来看，这可能反映了一种古怪的观点，但这样的判断忽略了以逻各斯为中心的文化的历史性条件。这种文化不是规则，而是例外。"在地球上的许多地区，人类和非人类并不被视为根据不同的原则、在不相容的世界中发展的生物；环境没有被客观化为一个自主的领域；植物和动物、河流和岩石、流星和季节并不存在于由它们的缺乏人性所定义的同一个存在论壁龛之中。"（菲利普·德斯科拉语）

早在1986年，米勒就认为，通过施行一种人类学的视角化来完成人类中心主义观点的转化，对于人类的生存来说是不可或缺的。在一篇关于美国导演威尔逊的文章中，他解码了"童话故事的智慧"，即"人类的历史是不能与动物（以及植物、石头、机器）的历史分开的，除非以毁灭为代价"。由此，在纯粹人性的历史终结之后，从后乌托邦空间的沙漠通往陆地极点的（从当下出发来描绘的）神秘桥梁得到了定位。人类世的诗歌如何被构建，希腊人或巴比伦

[①] 指人类。——译注

人的神话、原住民族的传统或中国人对天地之间张力关系的看法、千年的故事、印度众神的精神和未来学大会在多大程度上被融合在一起，这些都还是开放的。

在此也不该推想，在"苏格拉底的独眼巨人"（尼采语）或线性理性所不能通达的领域，变形和蒙太奇是否能以及将以何种方式得到运用。在结构上对即将到来的艺术具有决定性的，是人类中心主义规定的湮灭。只有它们的退出才能使不相容的东西共存，即废除传统的文化—自然分离，不再于二者之间做非此即彼的选择。

这种人类世的去中心化也涉及"历史"概念。在古代，以政治合理性为导向的历史时期克服了基于神话的过去及其嵌入自然界的话语。而在人类世，时间可以追溯至物种起源，这就将历史嵌入了随着宇宙的开端而起始的宇宙学之中。相对于这种时间跨度而言，历史事物就显得是一种相对较短的跨度了。历史不再与史前史相对立，而是被证明受到了地质过程的制约，地质过程则涵盖了全部的时间。

因此，时间视域在真实历史和想象之间切换，因为它们只是一个大历史的部分总和。所谓"大历史"试图创造"第一部起源史"，就像其提出者大卫·克里斯蒂安（David Christian）在《大历史》中所写的那样，我们应"考虑到我们整个星球的人类社会和文化"。

与悲剧的结构一样，人类世戏剧的DNA也被设计成一个双螺旋结构：第一条链追溯了社会空间中个人与社会（以及技术和科学的发展）的戏剧性张力；第二条链则集中在物种与周围世界的关系、行星的节奏和相应的仪式上。虽然在古代，这种二元性被既定的哲学和科学所渗透，但人类世创造了恢复这种结构的可能性。真理程序主管着其中一极，它帮助欧洲思想在控制自然方面取得无可否认的胜利；具有其特定人类世视野的想象则主管着另一极。

如果未来戏剧在视野上是围绕经济和生态之间的冲突来分类的，那么它也将人类共同体置于超越物种意识的语境中，并包括了地球上的其他居民。如果诗意和想象以未出生者的政治的名义被垂直嵌入深层地质时期，那么景观（Landschaft）也将深入其中。

"景观"概念同样将行星的力量聚集在一起，就像死者连同其历史性争斗也被刻入其中。通过这种方式，人类世补偿了戏剧所丧失的功能：它被要求将自己与人类中心主义的坐标相分离，并使其不同两极之间的差异变得富有成效，从而参与塑造那种转变，使得从全新世到人类世的过渡变得无可避免。

未来的戏剧体诗
——剧场美学之假想

［德］弗朗克·M. 拉达茨

贾涵斐 译

《死亡日》——恩斯特·巴拉赫（Ernst Balah）1911年所著的戏剧——预示着一种古怪的中间状态。儿子失败的解放使过去之权力在空间与时间中皆取得胜利——太阳的运行轨道被卸下，一种停滞状态由此启动，它使世界没入无法穿透的迷雾。"这是阴郁而懒散的一天，它一动不动，不像骏马那样从早到晚背负我们。这对世界来说是悲伤的一天。"

一、绝对现在

一个好似为后乌托邦状况量身定做的隐喻：在福山于1992年高喊出"历史的终结"之后，没有人再去谈论预期、发展、过程。在后历史状态中，虽然时不时有小型冲突，但不会有任何根本性改变，因为各种可能分娩出真正新事物的历史方案都已精疲力竭。在贝克特《等待戈多》的语境中，阿多诺宣布，徒劳的等待便是20世纪的基本状态，而这种等待被一种"引发停顿的未来"（吉奥乔·阿甘本语）所接替。由笃信进步支撑着的、经典现代派的历史乐观主义汇入那种"飞驰的停滞"（保罗·维希留语），它日日夜夜都在制造一个由永久实时和点状现在组成的旋涡。这个旋涡有时被称作"广阔现在"（汉斯·乌尔里希·冈布雷希特语），有时被称作"绝对现在"（马库斯·昆特语）或"无限现在"（海纳·米勒语）。

然而，在调节至持续现在的后历史状况边缘，乌云开始涌现。2017年，社会学家齐格蒙特·鲍曼的《怀旧的乌托邦》一书出版，其中加工了本雅明笔下的"历史天使"这一历史哲学圣像。在其1940年所著《历史哲学论纲》的数条纲要中，这位德国哲学家将保罗·克利的《新天使》当作其历史哲学推论的出发点：对历史天使而言，过去呈现为在废墟之上叠加废墟的唯一灾难，将它从天堂吹向未来的进步风暴使它张开双翅，并判处它在想要干预之时只能无奈旁观。对它的飞行轨迹的新近测定揭示了显著的航向变化。"令观察者目瞪口呆的是，"鲍曼写道，"它实现了U形转弯：如今，它背对着过去，惊恐地注视着未来的方向。它的双翅被一阵风暴压向后方，这风暴源于被想象、预设出来而提前引发恐惧的地狱清晨，并不可阻挡地把它推向显现天堂模样的昨天（回顾性地，在经历了其失落与衰败之后）……画面上的过去和未来调换了克利在近百年之前——根据本雅明的看法——赋予它们的特点。如今，未来是人们不敢相信的东西，因为它似乎完全不可控。"

恒定现在与这种以反乌托邦方式撰写的、取代了不幸罹难的预兆视域及其不可阻挡的进步假设的将来时之间关系如何？此处更多的是一种临时的差异（即使它持续的时间不可预见），还是（与之相反）一种互补关系？人们有理由相信，必须把反乌托邦的清晨理解为恒定现在有伤风化的反面。正因为恒定现在的基础是对未来的强烈恐惧（即使这恐惧未被明确说出），故而全球化的社会宁可选取一种"无限现在"理念。

街道上触目皆是越发庞大的SUV，它们明目张胆地破坏着官方宣称的所有气候目标，却不必担心受到惩罚。如何解释这种荒谬之事？毫无疑问，此处涉及清晰的声明，即车辆的使用者将资源紧缩、气候变化、代际公平等都视作不足为虑的范畴，玻璃般透明的消费者亦无心在物种灭绝、冰帽消融、大气中二氧化碳含量上升、细颗粒物污染增多等新闻报道与自己的生活方式之间建立关联。在罗兰·巴特的《日常的神话》风力未及之处，可以把四轮铁皮圣像的超大尺寸解释为一种移动的示范，它要展示自己在任何情况下都不会被糟糕的生态新闻吓退；解释为一种虽无知却坚决的、对乔治·布什在1992年里约热内卢的环境峰会上兜售的对前进路线的信仰："美国生活方式不容谈判。"

同时，对特大型号膨胀的依赖中透露出深深的不安。这种幼稚的挑衅使一种渴望绵延不绝，即对那种力量的渴望，它能强有力地消除生态的威胁视域投下的阴影所引发的不快：招摇过市的马力军团要令失控的技术所引发的后果噤声。

超大号的机械设备为那种伪现在打上的印记，即英国文化学者马克·费舍尔（Mark Fisher）在其著作《绝对现在》中所创的与其题目相反的概念。一项简单明了的事实便说明了这种名为"广阔现在"的临时状态根本站不住脚。这项事实是，早在2018年4月，当年全年的生态之钟便已走完；也就是说，已消耗的资源比地球在12个月内能够产出的要多出三倍。如果说现在之恒定建立在一个可供支配的空间之上，人们在其中几乎可以不受限制地取用物品，那么，面对这种状态（人们在经营时好像觉得有四个星球，而非唯一一个星球可供支配），这一空间的持存便犹如幻影。"恒定现在"这一理念依据的是一种错误的建构，隔离现在实为一种策略，即把因自身分歧而产生的各种问题和难题向后推延。这种伪现在的欺骗特性使费舍尔"重新发现未来"的要求在政治和美学方面皆不容拒绝。然而，直面未来——稍加改动米勒的话——需要一些勇气。

二、历史的回归

那些使广阔现在的天空蒙上阴云的反乌托邦的场景显然具有现实的核心。一系列理论家和自然科学家深信，那些生态噩耗引发的连绵阴雨不仅是危机的表征，而且也是时代重大转折的预兆。如果这样一些难以预见的转折果真要来临，那么，福山所出具的死亡证明便成了废纸一张。这是因为，一种突变的、加入了地球维度的历史会即刻离开陵墓，重返世界政治的舞台。在19和20世纪激发希望和憧憬的历史进步观建立在显见的事实基础上，即一切历史事件都仅与人相关。而复活的历史则预示着一个时代的来临，其中人们不仅要重新洗牌，而且，一位迄今为止基本默默无闻却极富启发性的星球主人公也将参与进来。

因而，充满无法预见的变化的时代即将来临。一个纪元的序幕已经拉开。长远来看，它会轻而易举地拓展历史书里记载的那些轰动事件的类型，并回顾性地改写已有事件的顺序——通过这些顺序，人们可以对其背后的影响力量有所了解。这个纪元叫作"人类世"，指的是地球史与人类史的首次交叠。2013年，柏林的世界文化之家介绍自己的人类世项目时，着重强调了初始的地球时代所具有的转换性特征："我们对自然的设想已经过时。人在塑造自然，这是人类世论点的本质。这一论点不仅预示着自然科学领域的范式转换，而且在文化、政治和日常方面找寻新的道路。"

"人类世"这一概念的创始者是荷兰气象学家保罗·克鲁岑，他因臭氧方面的研究而获得了1995年的诺贝尔化学奖。据传闻，在2000年的一次会议上，克鲁岑打断了一名正在讲解存在了11 000多年的全新世的发言者，并说道："我们早就不在全新世了，而是处在人类世。"此后，这个概念在自然科学和哲学文化话语中广为传播，因为科学的、工业化的人被写入大气的成分——这一点为沉积岩中不容变更的大量印记所证实——这件事结合了自然与历史。法国科学史研究者米歇尔·塞尔做出以下论断："全球历史进入自然，同时，全球自然进入历史：这是哲学的新问题。"

虽然专家们仍在争论究竟何时钉下这颗金色道钉，即人类世不容变更地被确定下来的起始时刻，但基本已成定论的是，地球史已经掀开新的篇章。这似乎是不可逆的过程，因为即使温室效应大大缩减，它也不可能再被撤销。联合国政府间气候变化专门委员会的德国协调办公室总结了100多名科学家和195个成员国目前的共识，它立场鲜明地指出："即使停止温室气体的排放，气候变化的大多数方面在今后的数百年间也难以改观。这意味着不可避免的气候变化。这种变化规模显著，且持续时间会达千百年之久，它由过去、现在和未来的二氧化碳排放所致。"

气候成为地球史与人类活动的交叉点。因而，"人类世"这个概念赋予人们以纵深的视角：每日的天气成为由历史所决定的社会与自然关系的印迹。自然不再像在全新世那样是一个定量，而是受制于（生物化学的）动态，这些动态会带来难以预计的转折。与过去数千年的人类历史相反，今天的人类行为会制造共振，这些共振的影响并不仅仅在时间轴上难以估量。这是因为，在气候这一问题上，空间上受限的活动正在经历去辖域化。对科学史研究者塞尔来说，这种迄今为止陌生的经验区分了过去与现在，介入自然及其产生的效应不再受地域所限："虽然，当思想局限于修建一道石墙或驯服一头耕牛等意图时，地方性效应会增强，但它们都未触及全球化的自然，而它是当今唯一起决定性作用的自然。"从今往后，气候会促使人类活动的回音空间实现全球化。

在相信可以从历史的终结推论出现状的永恒现在的外表下，对自然与历史概念持续不断的打磨正在进行，如今在理念上无法被归入任何总体框架的、难以测算的动态正在产生。

如果说进化论并未赋予智人以任何存活保障，而是将其归入偶然的或者是暂时的形式，算作"巨大的生命之树旁边细弱的、昨天才长出的小枝条——如果让它从同一颗种子里重新长出一次，它便无法再次实现同样的生发"（斯蒂芬·杰伊·古尔德语），那么，人类世倒并未许诺给人这个物种一个确定的毁灭场景。即将来临的其实是成千上万年的冒险，在此过程中不会缺少严重的磕磕绊绊。"如果我们有可能从一处遥远的、无历史关联的岸边观察这悲剧，那么，生活在这样一种时代，或许是可喜的。然而，已经逐渐没有观众了，因为已经没有尚未被纳入地球史之剧的岸。不再有包厢座位，因而崇高感与观察者的安全感一道消失了。这虽是一次沉船，却是无观众的沉船。"人类世的主导和创新型理论家布鲁诺·拉图尔这样说道。他提到的是一种表演，而非人类的灭绝，这种表演让人想起布莱希特的"无观众的戏剧"。取消演员与观众的分界是布莱希特20世纪20年代的教育剧方案的核心。它是对舞台场景的试验性安排，其中每名在场者都担任一个角色，以便亲身体验或纠正自己在那些被探讨的冲突中的姿态。由此获得戏剧媒介视角的人类世呈现为结局未定的参与之剧,在剧中,改变了的生态框架条件敦促人们检视其行为形式和生活方式——这是委婉的说法。

拉图尔偏爱以戏剧这种样式进行类比,而不是大胆做出历史哲学的推断。一个比喻强调了这个难以估算的事物的元素:"一场歌剧,并且它会要求持续的即兴表演,它既无总谱,也没有诡计的解除,也从不在同一个舞台上演第二次。"因而,在美学层面与人类世的毫无节制接近的戏剧要充满令人惊奇的转折、展开或不展开故事的情境要素以及难以估计的发展,它们取代了叙事的、线性的建构。这种充满不一致的未来戏剧明显接续了巡回剧团的即兴表演。由拥有多样的即兴表演天赋的人组成的队伍无须台词脚本,他们根据气象情况,在古老的气候政权的废墟上巧妙耍弄场景片断和诗学的活动布景。莎士比亚戏剧的产生与此无异。然而,取代了如神祇、精灵、巫婆、魔术师等不寻常的参与者,取代了如《仲夏夜之梦》中的帕克这样有神秘底色的生灵,也取代了来自异世界的其他形象的,是金枪鱼、二氧化碳、海平面、植物块茎或水藻这样的影响力量,以及其他适用于为即将来临的冲突打上戏剧烙印的事物。

拉图尔并非只做隐喻式的枝节之论。他关于人类世的理论曾被改编为戏剧,他自己也参与指导了改编,不过这次改编并未超越那种具有启发性的讲座式表演。总体来说,他富有图像性的展现并未汇总出人类世这个总体艺术作品环环相扣的轮廓。在此,其建构——可将其视为一种思想实验——无意于判断人类世及其可能的长远影响的正反两面,但建构本身完全可以让人得出关于其未来戏剧作品特性的一些结论。虽然,如今猜测一个时代——即认为自己不得不讨论"后代的呼吸"(米歇尔·塞尔语)这个主题的时代——

的剧目单为时尚早（即使以下设想显而易见：在人类世诗学的目录中，米勒晚期作品中像"它不够所有人用/最后的争战目标是呼吸所需的空气"这样的句子具有纲领性特征），但是，通过提出以下问题，即"我做好了保卫什么东西的准备？我做好了牺牲什么人的准备？"（布鲁诺·拉图尔语），人类世之剧免不了要——如拉图尔所言——吟唱政治剧的老调。

这是人类世之剧重新放置在由进退两难、无路可走、急迫困境和严峻考验构成的复合体之中的问题，古希腊悲剧早已抛出这种复合体。主人公无法从简单的答案中而只能从各异的不幸中选择，就像《在奥利斯的伊菲革涅亚》中的阿伽门农一样。这位希腊人的统帅必须做出决定：要么放弃蓄势待发开往特洛伊，却由于风平浪静而无法离港的希腊舰队；要么就得牺牲女儿，据说要嫁给希腊英雄阿喀琉斯的伊菲革涅亚，好从情绪恶劣的神灵那里勉强争来有利的海风。他决定选择后一种，这个决定使复仇之轮开始运转，这也使《俄瑞斯忒亚》得以成形。

若人类世中的公众认为自己被迫做出影响深远的类似措施，围绕一些决定——通俗地说，它们让人痛苦万分——的激烈探讨则不可避免。在人们必须从痛苦的决定——这些决定的后果即使对集体而言尚未确定，却也被视为生死攸关——中做出选择之处，重提以冲突为中心的艺术形式是必然的。戏剧作品自古希腊发源以来，便一直由冲突所构建。对未来的戏剧而言，一种加入了"自然"概念的历史的回归具有的极大美学内涵，不过是处于形式层面。在那种稳定的可支配空间，也就是斯洛特戴克称为"资本的世界内在空间"的语境中，表演的形式大获成功，这些形式将冲突公开呈现为叙事的驱动中心；而历史的重回则内含了各种论述，它们——不管其内容如何——构建了无法预知结果的争论。

三、悲剧的母体

就像生物学家很难预测进化会走上哪条道路一样，人们对未来艺术的发展同样很难做出预判。然而，那些在人类世舞台上进行演出的戏剧制品的一些特征还是可以推断的。悲剧的核心范畴与新的地球时代的预备工作相重叠或趋近。我们可以毫不费力地把亚里士多德悲剧学说的基本概念转换到人类世的坐标上，无论它被视作纯粹的假说还是真实发生的事件。

似乎在索福克勒斯的悲剧《俄狄浦斯》中，人类世的戏剧母体尤其得到了体现。试图解开谜团的俄狄浦斯多年来弄混了自己故事的真正情况。他凭理性击败名叫斯芬克斯的怪物后，忒拜城邦的王位归他所有。正如在阿多诺看来，当实验科学将盲目的自然力量的行为转化为系统的解释模型时，它便获得了统治自然的不祥胜利。直至忒拜城暴发瘟疫之时，俄狄浦斯才不得不带着批判的眼光仔细检视自己的出身。这与人类世场景的相似令人惊讶。蔓延的温室效应这种无药可治的气象灾害同样要求人们全面评估以碳为根基的生活方式和投入使用的技术（结合它与生物圈的关系），并要求人们简要重述它产生的历史。

当试图解开谜团的俄狄浦斯击败斯芬克斯，并与自己的母亲生下孩子时，他对自己故事的真正状况知之甚少。同样，当人类惊讶于自己行为的后果，并且必须认清地球系统对人的区域性行为的反应越发全球化时，人类亦无法支配自己的故事。当笛卡尔在1637年发表的《谈谈方法》中把人解释为"自然的主人和所有者"时，理性的时代已经被规定了行进的方向。笛卡尔的立场与神学传统完全一致，那种神学传统展示了从无到有的创造，并要求人使这创造臣服于己。即使在前工业时代，斯宾诺莎或歌德也主张人与自然之间少一些统治关系，荷尔德林也在对自己的悲剧草稿《恩培多克勒之死》的评论中告知人们"艺术与自然的和谐"——即使在悲剧艺术作品中"似乎真切存在着最高的和解"。本雅明在1940年也不得不惊讶地断定，就连唯物主义对劳动之定义的出发点也是一种没有后果的"剥削自然"。本雅明写道，在卡尔·马克思的朋友、唯物主义哲学家约瑟夫·狄慈根得出"自然无偿存在"这一结论后，在19世纪的那些日子之后，在理论层面没有发生任何改变。工业化的、配备了巨大机器的政治动物似乎能占有作为无主财产的自然，而被理解为"与自然的物质交换"（卡尔·马克思语）的机器活动似乎只会带来一目了然的后果。然而，在延迟了好几代人之后，这些以科学为基础发展而来的机器设备，应该在一个新的时代将迄今为止独立的历史与自然两大体系紧密结合起来。

若历史面对自然的行为是盲目的，那么，就像曾经的俄狄浦斯那样，人类世中的人必须明白，自己要对那些一直被当作外部气象动态的变化负责。就像古希腊的俄狄浦斯无知无觉地杀死了自己的父亲那样，如今的人本应认识到，是自己疏忽大意地使古老的气候政权失效，而没有预料到它与自身的关系多么生死攸关。从人类世的视角来看，亚里士多德的悲剧理论称为"过失"（hamartia）、意识盲点的东西或以悲剧冲突为后果的智力失误建立在致命的误判基础上，即将自然误判为一种本体论意义上的恒定之物，或者上演所谓"进化"的进步过程的中立区域。

拉图尔认为，人类世这个"真正的俄狄浦斯式神话"栖身于悲剧的内核之中，因为自治的启蒙主体必须认清，他于自主性中定位自身的行为可谓构建性幻觉。即使从广阔现在的视角来看，我们还未处于《俄狄浦斯》的终章，我们之后的几代人却也会像忒拜城的统治者那样越来越清楚地认识到，正是自己得对灾难负责。这使以下问题变得更加紧迫："而我／想要知道，我来自何方，／哪怕来自尘土。"

悲剧原型的现代重回者将以无辜的方式变得有罪。正如俄狄浦斯把后代牵连进他乱伦的困境中那样，今人也给后代的生存方式留下了不可逆的烙印，因为人们已经看到："大气是有记忆的：它一直没有彻底忘记早期工业革命的烟囱排出的烟雾，也不会完全忘记各大洲发达国家的火力发电站、超大城市的供暖设备、飞机、轮船、富人的汽车和穷人不计其数的明火排放进去的一切，虽然其中的一半被海洋和生物圈拦截住了。"（彼得·斯洛特戴克语）

俄狄浦斯在认清了自己真正的谱系学，继而认清了自身的错误之后，才踏上了真相那坚实的土地。在《俄狄浦斯在科罗诺斯》中，索福克勒斯把这位悲剧英雄刻画成一个瞎眼流浪、注定像寄生虫一样生活的乞丐，但他最终还是找到了安宁，尽管后代背负着沉重的生态罪责，他们的命运仍充满变数。或许这些技术与工业的俄狄浦斯的后人会由于他们的数码机器设备无法探测的潜力而免于毁灭，就像他们的古代祖先所做的那样。毕竟这个刚刚开始的时代涉及的是"未知领域"（保罗·克鲁岑语），它会打开装着不同可能性的包裹，这些可能性从"人类的曙光"（汉斯·乌尔里希·冈布雷希特语）延伸到迅速扩建其与地圈和生物圈的合作的"智能的技术圈或智力圈"（彼得·斯洛特戴克语）。

四、突变与历史

伊丽莎白·科尔伯特（Elizabeth Kolbert）的《第六次大灭绝：

不自然的历史》一书是关于物种灭绝的，今天的物种灭绝已经能与使恐龙灭绝的那枚小行星的撞击相比肩。在书中，科尔伯特主张为富有争议的古生物学家乔治·居维叶（Georges Cuvier）平反。她断言，若一个物种首次大规模地导致全球物种灭绝，从而摧毁自己的生活根基，那么，"在地球史问题上，居维叶原本的悲剧视角逐渐显现出前瞻性"。

居维叶认为，大洪水式的事件——即使它们不属于这个星球的日常活动——遵循一定规律，即每过几百万年就会带来生态的"白板"。他的这一认识与笃信进步的19世纪精神格格不入。1758年，动植物物种分类学书籍《自然系统》的第10版付印时，卡尔·冯·林奈（Carl von Linné）仅了解一类物种：真实存在着的物种。虽然巨大骨架的出土无法得到解释，但后来的美国总统托马斯·杰斐逊在1781年仍然相信："自然之门户的特性便是，人们举不出任何例子来证明自然曾使一种动物灭绝。"基于法国大革命的社会变革为一种着眼于发展不那么和谐的自然史的开放视野创造了土壤。1796年4月4日，26岁的居维叶在巴黎的一次讲座中引入了"灭绝的物种"（espèce perdue）这一概念。不过，他的论证只以两个灭绝实例为依据。1812年，这名当时饱受责难的古生物学家已经能证实曾有99种物种灭绝。尽管如此，他的理念仍声名狼藉。那个时代的地质学刚刚才使呈现在沉积物横断面中的"深时"这一概念摆脱"神学的利爪"（斯蒂芬·杰伊·古尔德语），而对造物史中突然变革的设想确实超出了人们能接受的范围。亚里士多德以来的悲剧理论称为"突变"的东西——令人猝不及防的情节骤变，对之后的情节而言无法预知的转折点——难以与一种科学的公理相匹配。这种科学基于以神学为底色的认识，认为物种是缓慢灭绝的。20世纪80年代的"阿尔瓦雷茨假说"认为，一颗直径约10公里的彗星的撞击可能导致了恐龙和大概一半海洋物种的灭绝，而那10年间最富影响力的古生物学家乔治·盖洛德·辛普森（George Gaylord Simpson）在足足30年前便反对过这个如今广为认可的假说，认为它们的灭亡"必须被理解为漫长过程的一部分"。

就算抛开突然性不谈，地球史戏剧学的显著特征也并非逐步过渡。要想初步了解深时能以哪些戏剧性的突变令人惊叹，只需弄明白氧气的产生即可。地球这个星球在45亿年前产生时，人们尚无法预见那层有利于生命的、将它与其他天体显著区分开来的外壳。在原始大气中不存在氧气，大约23亿年前，它才作为特定细菌——蓝绿藻或氰细菌——所进行的光合作用的副产品从海洋进入大气，发挥的影响很小。细菌奠定了这个蓝色星球的基础，塑造了大气的根基，"远远早于多细胞植物生命形式进化的时间，并且直到今天还为氧气的补给提供了可观的份额"（斯蒂芬·杰伊·古尔德语）。植物在4.5亿年前产生，而树在4亿年前才首次出现，它们"将生物圈推向外部和上空"（林恩·马古利斯语），从而为一件事情创造了前提，即氧气含量于3.5亿年前最终稳定在了今天的水平，约占21%。结果表明，这对哺乳动物而言是幸事；然而，对其他物种而言，这意味着致命的生态灾难。无论是人类创造的历史，还是自然和地球史，其中都遍布着突变。因而，可以用亚里士多德悲剧学说的这个范畴来描述人类世的两大成分。

五、冲　突

可以用"过失"这个描述智力失误的范畴来解释"由地质学和

人类组成的逆喻"（布鲁诺·拉图尔语）与根植于悲剧的形式之间的相似性。在此，智力失误是由未能认清自然进程的矛盾造成的。另一种粘连则由无法预计的突变造就，比如基本无解的冲突。从悲剧技艺上说，这些冲突被称作"悲剧冲突"（黑格尔语）。历史成为杂交体，即由人类和非人类活动组成的混合形式。而无论是黑格尔、马克思，还是其他持历史进化论的理论家，都未预料到它的降临。面对这样一种历史的回归，人们要思考的是：哪些矛盾和疑难推动着拉开帷幕的这个时代？出现在人类世日程上的并非"我们想怎么生活？"这样惬意的问题，而是令人不快的淘汰逻辑类问题。这种逻辑接近于有毒的思想成果，而它或许很难被避免，如果那些国际委员会需要专注于计算，计算这个星球在不至于使其不堪重负的生态系统坍塌的情况下能承受多少人的话，或者如果由各个国际法庭决定，哪些人有权要求使用哪些资源的话。在经济领域也可能会出现极端的探讨。资本与劳动的对立在现代曾引发巨大的震荡、起义和抵抗，而在近几十年，这种对立似乎——即使必然伴随着巨额债务——暂时得以平息。随之而来，在经济利益与生态利益的张力场中，对抗越来越清晰地出现，这些对抗或许指明了不以增长为导向的、平衡的新经营模式。而要进行这种体系转换，同样难免发生新旧神灵或价值的碰撞。

虽然有许多声明涌现，保证这两个领域在具有可持续方案的资本主义体制中可达成和解，但由错误的气候目标造就的事实却引发怀疑。二氧化碳的排放继续增加，主要工业认为自己需要定期使用欺骗性软件，因为它们在技术上无法胜任自身承担的生态任务。生态范式越来越多地决定着政治日程，并使其参与者忙碌不休。而同时，一系列"人民公敌"被制造出来，即易卜生1882年为其同名剧本选出的主人公那样的"人民公敌"。当德高望重的斯多克芒医生向外宣传，他行医所在的疗养浴场声名远播的疗养泉水是一系列疾病的罪魁祸首时，他便失去了市民的名誉。因此，当他考虑到公共健康而建议暂时关闭疗养浴场以做彻底治理时，这正直的一步很快导致他受辱，并使其成为社会的边缘人。我们这个时代的斯多克芒们也面临类似的问题，唯一的区别是，他们眼前的有害物质具有全球影响。这些在舞台上和现实中的惬意演出的持续时间不会太久，就像在把问题状况推到现实政治层面时，夸夸其谈的漂亮演说并不解决任何问题一样。所有决心严肃执行适当的、生态的财政紧缩方案的民主政府都要做好忍受社会动荡的准备。这种内行诊断或许会带来一些补救行为，它们使先前勾勒的那种张力结构高度紧张，甚至能导致每名参与者和整体阵营的身份都四分五裂。

政治的困境刻画出生态悖论的波及范围所具备的特征。建立在二氧化碳基础上的事实并不源于这样一个世界：它推荐痛苦的截肢，因为顺势疗法的措施无法引向生态坏疽的康复；民主也并不认为自己能担当起这种手术的社会后果。斯洛特戴克的预言是，"与排放为敌的未来伦理直截了当地以掉转至今的文明方向为目的"。"全民节俭"或许很快就会取代"全民增长"的口号，这会迎来一个"庞然大物"相互冲撞的世纪："我们将体会到，争吵不休的备选方案会如何映现在我们的生活感受中，而我们会如何在狂热的浪费和抑郁的节俭状态之间摇摆。"（彼得·斯洛特戴克语）在这种关联中，他创造了一些概念，如"气象宗教改革""生态清教主义"或"生态加尔文主义"："这些概念基于一个公理：只有这一个地球供人类支配。因此，人类不能要求这个根基提供超出其供应能力范围的东西——否则就要接受自我毁灭的惩罚。"

从这个视角出发，有大量的表演尝试宣传一种善意的生态清教主义。其标准模式是：受舞台上的活动组织员引导的观众群体勉力练习震惊，并决定从此之后节约资源。他们的方式有：把淋浴时间压缩到两分钟，植树，以及采取其他一些似乎有助于把个人留下的二氧化碳足印降至最少的措施。

使人爱惜资源、开展可持续经济的生态教育学并未展现锐利的冲突，而是安抚了良心。然而，通过与欧洲宗教战争时代进行类比，斯洛特戴克得出的结论是，人们迟早都必然走出目前的舒适区，并且"我们在经历气象宗教改革的开端，它开启了一个大规模冲突时代的前景"。拉图尔也常发出类似的不和谐声音，他以卡尔·施密特为依据来区分地球民众及其敌人。这两位理论家都认识到，所有政治生态学都植根于冲突。一方面，有人借塞涅卡之口说出："我正在为后代工作。"另一方面，又有人在消耗后代资源的同时，支持今天的食人主义。人类世不会缺少冲突和碰撞。他们宣称，无冲突的后戏剧剧场在其中大放光彩的、"享乐主义插曲"（彼得·斯洛特戴克语）的时代已经落幕。

让我们先着手探讨"在这个星球历史上的一次伟大叙事的戏剧出发点"，就像吉尔·班纳特在她于第13届卡塞尔文献展上展出的《笔记》中所写：最终，"所有世界居民"都逐渐沉入昏暝，"成为这个场景的一名角色，并对场景的走向做出决定性贡献"。易卜生在描写经济利益与最终的生态利益之间的冲突时，尚能以进步公理为依据，他赋予这样的混乱状况以下列限定：偶然、时代错误和原则上的可克服性。而如今，遭污染的疗养浴场嵌入了地球村。因而，破坏环境的污水排放无法在地区或国家层面得到治理。市民现实主义的矛盾经历了全球化，且被视为经济与生态的无解困境，从而发展为悲剧冲突。刻画其无节制的冲击力,是人类世剧场艺术的任务之一。

我们处在围绕地球飞船路线展开的激烈争论的开端。从传统来看,戏剧,尤其是悲剧模式,注定适合在转换阶段制造权衡主角得失的审美公众——若人们可以预见,"对自身本质的打击"(海纳·米勒语)不可缺少的话。从叙事策略来看,人类世涉及的是一种"冲突叙事",是由难以解决的矛盾、悖论和二律背反构成的混合体,其战士都拥有使自身之要求生效的平等权利。悲剧冲突并不呈递解决方案,而是淋漓尽致地展现不可调和的反目之逻辑:一连串相异的观点和相反的行为,它们在展示各自立场的赞成和反对意见的同时,也展现出必然产生的冲撞。在一个观众被迫要思考自身立场的历史框架中,作为民主艺术品的悲剧被嵌入了开放的空间。

六、酒神精神的回归

"潘神,赫尔墨斯之子,会由此冒着生命危险回归吗?"塞尔在简述自然契约时如此发问。面临发展,这种自然契约应该对卢梭的社会契约进行补充。潘神,这位半人半羊的牧神是悲剧之神狄奥尼索斯的随从之一,他主管舞蹈和音乐、繁殖和迷狂。人们认为,代表着被解放的自然状态的主人公死于复苏的悲剧之航道中,葬于墨尔波墨涅庙宇周围,而他们的回归符合人类世文化呈现出的冲突不断的鲜明特征。拉图尔明确强调了塞尔的推测:"这一次,伟大的潘神亲自加入进来。"

从这个角度来说,悲剧及其无度性的回归实为对无法捉摸的酒神能量的重新召回。在戏剧方面与之相应的行为,是更新仪式的基础，就像阿尔托在20世纪所意图实现的那样。无论这些借助狂喜、迷幻及其他出离状态（即借助悲剧元素）来修补与自然交流的断裂纽带的雄心勃勃的尝试结果如何，人们都必然会提出一些问题，它们指向如此窘迫的未来的剧场当中身体的地位及其无度。

在文化历史学家阿比·瓦尔堡看来，在"记忆的浪潮"中，在回忆逐渐的推涌中，狄奥尼索斯等神灵的形象汇聚起来。他们断续的在场取决于每种文化与自身历史的关系。意大利文化史家罗伯托·卡拉索将目光投向荷尔德林及狄奥尼索斯在其诗中的出场，以此描述这样一种浪潮："作为最后一位被纳入奥林匹斯的神祇，作为陌异者、东方居民，作为溶解之力，狄奥尼索斯迁居德国。而此前，自从米兰多拉、费奇诺、波利齐亚诺、波提切利在佛罗伦萨尊他为奥秘与上界迷醉之神的那个时代过去之后，在欧洲已久不见其踪迹。"卡拉索写道，最终，狄奥尼索斯将会借助尼采所著《悲剧的诞生》而"登上一个舞台，这个舞台已经无法与世界区分开来"。酒神精神成为经典现代派的一个核心美学范畴，它点燃了一整代人的艺术，在里尔克、戈特弗里德·贝恩、埃兹拉·庞德、T. S. 艾略特或保尔·瓦雷里的诗歌中都得以再现。

塞尔和拉图尔所论酒神的回归深受我们星球上各项势力颇具威胁性的解放的影响。同时，酒神及其追随者潘的回归伴随着历史的回归，后者不过是一种经历了变形的历史。被指认的"历史的终结"，其实更符合化蛹阶段的特点。重新诞生的历史实为与自然的交叉。如果戏剧开启一个世界，或者说整个世界即是舞台（就像莎士比亚所认定的那样），那么，可以将酒神精神理解为对生命及其无限变化的颂歌。因而，卡尔·海因茨·博尔（Karl Heinz Bohrer）建立起"酒神奥秘""生命意志"与尼采哲学中的"生命的永恒轮回"之间的有机关联。

狄奥尼索斯这位带着一众巴克坎忒斯和萨蒂尔游荡于世的歌队之神同时也是变形之神，他会在关键时刻变成其他生命形式。

彭透斯：

在我面前走来的你似乎是公牛的形体，
看，你头上长出双角？怎么回事？！
彻底成了公牛？说吧，你莫非真是头牲畜！

狄奥尼索斯：

由神主宰，神平素对我们并不仁慈，
现在却已和解！你眼前所见，就是你必须所见！

人被视为被不计其数的微生物寄居的有机体，它若缺少与多种多样的"由人之外的许多生物组成的生态系统"（林恩·马古利斯语）的互动便无法存活。这意味着，基本的酒神思想被提升到了当下科学与生物学理论构建的高度。将生命理解为世界杰出代表的人错误地认识了生命的原则，生命其实就是拥有不计其数并互相交织的生态系统的地球的一件产品。

七、风景的战争

对现代主人公的这种变形翘首以盼的人能在先锋戏剧文学中偶见富有启迪的印迹。早在20世纪70年代，米勒就使一些警句定格在了文学纪念册中。它们是为未来而写的，这未来受到开始发生改变的自然的影响："死者的起义将成为风景的战争，我们的武器将会是世上的森林、山峰、海洋、荒漠。我将变成森林、山峰、海洋、荒漠。"这个非常神秘、极其不合时宜的序列出自其1977年的剧作《任务》。米勒和本雅明眼中的历史吹卷着过去的不公正所留下的未清偿债务，而在风景的战争中，它具有未来相关性。人类世的时间视野为晦暗不明的隐喻的使用赋予意义："死者的起义"这种历史的不安定潜力与一种事物相融合，这种事物可被视为人类世这一灾难性时代的事件，"风景的战争"这个术语生动而集中地反映了此一事件。这部剧作的情节讲述的是历史主体解除了自己的任务——建立公正的世界秩序。德比松说："世界将成为它曾经之所是，即主人与奴隶共有的家乡……我们的公司已经不在商业登记册上了，它已经破产。我们要出售的商品——须用当地货币支付，即用眼泪和血汗支付的商品——将在这个世界退出交易……我要解除我们身上的任务。""世界将成为它曾经之所是"这句话勾勒出无限现在的状态，在此状态中，过去与未来合二为一。然而，面对这个并非毫无争议的答复，黑人革命家萨斯波塔斯仍坚持继续战斗："只要还存在主人和奴隶，我们就无法解除身上的任务。"

通过将"死者的起义"延长为"风景的战争"，剧作同时标记出了历史这项充满希望的工程的结束和一个时代的开始——在这个时代，政治生态学与革命激情得以结合。越界的一幕是：在这个星球上人为引发的变化过程中，历史的战斗被延长，并在黑格尔的意义上扬弃自身。"地震的语法"（海纳·米勒语）重新调整了声势渐微的社会阐述，其方式是征用增加了地球史维度的"历史"概念，它是斗争的新地带——为争取不再有主人和奴隶的世界而斗争。

米勒的隐喻手法设计出一种带有革命底色的人类世方案。较之拉图尔和塞尔的相似方案,它的设计在政治上要极端得多。拉图尔满足于做出论断:"人们在舞台布景前趾高气扬地走来走去,扮演着与他们相异的角色。"这样的场景设计属于过去。在新的气候政权中,场景应由以下因素决定:"现代派们曾视为安全可靠的物理框架、他们的故事曾于其中反复上演的基础动荡不安,仿佛舞台有了生命,试图参与戏剧过程。"

塞尔使用的场景是一种好战的论争。其中,对立的双方"大规模投入武力手段"来相互攻击,直至根据受人为影响的"阈值效应,出现令人惊讶的骤变:敌对双方吃惊地发现他们身处同一阵营,如今他们共同迎战第三方的敌人,而非相互争斗"。相对而言,这种解读方式比较陈旧。不过,间接地安抚了人与人之间冲突的新的敌人确实由那些实体组成,即米勒明确理解为未来的武器的实体("我们的武器将会是世上的森林、山峰、海洋、荒漠"),他想以此来打破后现代现状的稳定。米勒的剧作以革命或"死者的起义"的名义征用成片的风景,通过这种方式,无法重新绑定作者意图的语义学获得了解放。确切地说,他的箴言得到了证实:"隐喻比作者更聪明。"

他运用隐喻的行为暗示着——与塞尔相反——告别人类中心主义立场,以及重返戏剧的酒神源头,因为他所预告的变形——"我将变成森林、山峰、海洋、荒漠"——接续了变形的传统。从戏剧史上看,这些传统属于戏剧的酒神基础。历史哲学上无家可归的主体肯定自己的变形,以便在人类中心主义的彼岸完全献身于那些作为活跃分子引领"风景的战争"的力量。放在自然与历史混合体的视野下阅读,此文本赞成进攻和越轨式的"模仿"概念,它超出了一元主体性的概念范围。

八、傲慢与智力圈

然而，没有哪种崇拜能代替由收集数据的卫星、遍布全球的测量站和传感器组成的网络。技术圈即便尚有漏洞，它也是唯一可靠的渠道，能给出关于地球层面发生了哪些改变的信息。并非仪式，而是科学传递给人对地球系统历程的设想。单是技术的信息处理器及建立在其数据知识基础上的模拟就可以说明，哪些具体操作上的干预可能会减缓或削弱灾难性的发展。

它的不可或缺并不能改变以下事实：各门科学要对人为导致的地球状况负责，它们将这种状况作为自身行为欠考虑的副产品容忍下来。这种虽不受欢迎却极其巨大的副作用源于它们的傲慢，即那种一般会促使悲剧机器装置冷酷无情的逻辑开始运转的目空一切。推测未来那些机器能否成功地使生态领域重新稳定下来，就像它们曾成功地以生态根基为代价创造财富那样，这种行为是多余无益的。

若追问这种科学之傲慢的成因，便会遭遇认识论的基本论辩。在塞尔和拉图尔看来，某些特定的自然科学认识掩盖了对这个星球上的人类物种而言至关重要的东西。因而，两人都力主"哥白尼式反革命"。

就像亚历山大·柯瓦雷所言，伽利略通过将地球确认为无数天体中的一个而使它面对无限的宇宙开放。与此同时，地球的独特性便成为一种谬误。虽然我们的星球此后拥有与所有下坠的天体一样的地位，并服从于同样的物理学规定性，但这种观察方式避而不谈的是，与我们熟知的相邻星球相反，地球拥有一层薄薄的外壳，它才会使生命形成。然而，地球之成为科学与文化的先决条件，绝非理所当然。伽利略顶着教会的反对，构画出地球在空间中的运行，而从此刻开始，注意力就得转向"它的行为"了。拉图尔说："地球只是一个在空旷的空间中不停旋转的桌球……宗教法庭震惊于这样的说法。与此同时，令新的法庭（更多的是经济而非宗教意义上的）感到愤怒的是，据称地球是一层活跃的、局部的、有限的、敏感的、脆弱的、颤动的、易受冒犯的外壳。"就像米勒成功地综合了参与社会的文学传统与先锋和超现实主义的文学传统那样，人类世的神话诗人——他们或许远未诞生——所面临的要求是，从象征层面来把握地质学与历史的混合体。拉图尔提出的"我们需要一位新的布莱希特"的要求以科学领域的思维调整为前提，而这种调整很难由文学和舞台来实现。

借助过失、突变、冲突、傲慢这些特征及一味酒神发酵剂，人类世的一部具有悲剧底色的艺术作品的决定因素得以确定。过失的成因是错误地认识了本体论层面既存的东西，即富有生机的自然（据罗伯特·波格·哈里森所言，它如今所呈现的形式应归功于"原始细菌从不间断的新陈代谢"）的形成。

这颗蓝色的星球基于一段持续了43亿年的历史，是"一系列漫长的历史、意外、特定及偶然事件"（布鲁诺·拉图尔语）的暂时结果。这段历史充满惊奇、转折和来自地球外的干预，它绝不缺少亚里士多德的《诗学》称之为"突变"的东西。

冲突源自生态与经济之间无法揣测的矛盾，以及从中产生的对社会和文化而言的后果。傲慢则根源于一种技术与科学文明的优越感——这种文明的依据是，将这个星球的运动规律确定为它的本质特征。人类世的科学必须从这个星球的独特性，而非从地球作为物理天体的事实出发。这种独特性使地球迥异于其他已知天体，它得以创造生命，并在长达30多亿年的时间里维持生命。这生命颂扬酒神元素，因而，悲剧的基本要素可以被用在人类世的戏剧艺术作品中。

九、受人类影响的未来

"人类世"这一概念带来的视角化会引发矛盾的效应。一方面，人的地位得到提升。"人类世"这个大叙事将人定义成地质学要素，人为地质年代打上自己的烙印。由此，人的在世之中增长了，增加了地质史的深时。在这个星球的历史上，人类这个物种攀升到了一个决定性的成就之峰。鉴于数值的不成比例（大气的混合成分在长达3.5亿年的时间里恒定不变，而人类对气候的影响只有大约200年），这成绩不容小觑。另一方面，人类中心主义的世界图景不可逆转地遭到侵蚀。

在生命原则的历史历经了人们无法想象的深时这样一种视野下，人类世的主人公缩减为情节的配角。人类的存在已经延续了20万年，算上所有祖先，其存在最多可延长至200万年，而这个星球上的生命已经存在了30多亿年。面对这些，他必须重新思考自己的角色。如果后代不再把人理解为形而上学或进化论推测的必要目的（"在通向当今人类的实际过程中，数十万步中的任何一步出现细微的、完全可以想象的偏差，都可能会带来完全不同的结果；这样一来，后续历史便会在完全不同的道路上发展，这些道路再也不会通向智人或任何天生具有意识的生物"〔斯蒂芬·杰伊·古尔德语〕），他们就能在穿越人类世的深渊时更精准地定位。而在生命的棋盘上将人类棋子边缘化会加强现实原则，这是全面治疗人类中心主义自大狂的一步。毕竟，根据进化理论家林恩·马古利斯的说法，"我们要区别于所有其他生命形式这种强烈的感觉"不过是"妄自尊大"。

在人借助科学将自己提升到存在的宝座上之前，神灵或天使在庞大的存在链条上列居人类上方。而在人类世中，人必须与易受冒犯且难以揣度的地球分享自己的座席。随之而来的从人到地球这种关联点的更替——不难预测——会带来文化史上的转折及范式转换，它们不仅仅指向现代的终结。

　　舞台艺术最主要、最紧迫的任务之一，一直是研究人类形象的变换。未来的伽利略必须将人界定为地球的寄生物或共生体，他只有在无数生态系统的共同体中才能生存，而非被界定为在社会单元内部纷争不休的单子。人们要在与非人类力量的关联中重新构思这种名为智人的"活跃的人科"（林恩·马古利斯语）。由此出发，也可以想象一位历经修正的普罗米修斯，他不是从自然的强迫中，而是从"人这个物种特有的傲慢"中将人解放出来。这是因为，如马古利斯所说，"地球并不具有人的特性，它也不属于人类。……人不是生命的中心，其他任意物种也都不是。人对生命而言甚至并不重要。我们是一个巨大而古老的整体中新的、快速生长的部分"。

　　在人类世时代，人在与其他地质力量比如火山、河流或者恰是森林、山峰、海洋、荒漠的关联中决定自身，并意识到自身对其他生命形式的依赖性。此时，将人类作为历史和戏剧的唯一参与者的这种中心视角渐渐消失。若将那些非人类实体纳入视野，人们便要修正米勒的信条："人们必须掘出死者，反反复复地，因为只有从他们身上才能获取未来。"而未来的戏剧已近在眼前，除死者以外，它还要掘出灭绝的动物物种、消亡的风景和淤塞的湖泊，或者其他一些呈现出保存价值的东西。在此背景下，雅克·拉康将戏剧定义为拟人化的"他者话语的呈现"，或者围绕"一个非人类的搭档"来定位艺术。这些说法在艺术理论方面或许蕴藏着几乎未经开发的潜力。

　　对黑格尔所说的"戏剧体诗"的未来进行假想，会引人重归"变形"这一概念，即使尚没有埃斯库罗斯的鬼魂创作出人类世的

《俄瑞斯忒亚》，或尚未设计出能使科技干预与生态系统复杂的交互作用相互协调的普罗米修斯精神。在戏剧中，受人类影响的未来绝不是作为黄金时代的重归而受限于乌托邦主题，而是开启了针对唯一可供支配星球的热切目光。如果说这种戏剧的逻辑坚持不肯遗忘曾经的那些事物的命运中未清偿的债务，那么，与之相反，它为人所影响的未来指明的一点是，不停留于现在，而要为后代担负起责任，埋葬未诞生者。

学术座谈

何为哲学的转向？[①]

——《人类世的哲学》出版座谈会纪要

鲍静静（商务印书馆上海分馆总编辑）：各位专家学者，各位媒体朋友，下午好！很高兴大家在百忙中抽空参加孙周兴教授的新作《人类世的哲学》的出版座谈会。今天来了很多知名专家学者，也使我们商务印书馆上海分馆蓬荜生辉。来自五湖四海的专家，在今年这样一个特殊的时期，还能以这么隆重的方式聚在一起，感谢孙周兴教授的这本新书，感恩大家今天能够来到活动现场。

首先允许我介绍一下今天与会的嘉宾。先介绍远道而来的外地学者：中国社会科学院张江教授、赵培杰教授，四川美术学院李敏敏教授，浙江大学庞学铨教授、倪梁康教授、王俊教授，中国美术学院蔡枫教授、李凯生教授、杨振宇教授。欢迎你们！下面介绍上海本地的与会学者，他们依次是：复旦大学吴晓明教授、邓安庆教授，华东师范大学童世骏教授、郁振华教授，上海社会科学院成素梅教授，同济大学刘日明教授、王鸿生教授、寒碧教授、陆兴华教授、赵千帆副教授、夏开丰副教授、郭国强博士，上海ATLATL创新

[①] 2020年11月23日下午，由商务印书馆上海分馆、同济大学人文学院、浙江大学哲学系联合主办的专题座谈会。座谈会分上、下半场，上半场由同济大学刘日明教授主持，下半场由浙江大学王俊教授主持。现在的文本根据速记稿整理，经各位与会专家审订。

研发中心主任唐春山先生。还有今天的主角,同济大学孙周兴教授。还有商务印书馆上海分馆总经理贺圣遂先生,以及商务印书馆上海分馆编辑部主任李彦岑先生,他是这本书的责编。

接下来,有请贺圣遂总经理致辞。

贺圣遂(商务印书馆上海分馆总经理):各位教授,各位朋友,不胜荣幸,商务印书馆上海分馆今天能请到各位,是今年的一件大喜事。我们这个场所其实是商务印书馆上海沙龙,我们经常邀请作者和媒体朋友们来这里,给商务印书馆的工作提供指导。今年因为疫情的缘故,没有搞过这样的活动。今天能够请到这么多朋友来参加这个活动,我要表示特别的感谢。当然更要感谢孙周兴教授,孙教授的这本《人类世的哲学》出版不久,已经引起了业界和读者的许多兴趣。我们今天请各位来一起向孙教授表示祝贺,也共同关注他在这本书中展示的哲学新面貌。

必须说,我们的运气真的太好了,看这两天关于新冠疫情的新闻报道,我不免有点紧张,担心我们今天的活动不能顺利举行。我们得承认,上海在疫情防控方面还是很周到和严密的,所以能保证我们今天的活动顺利举行。

我先简单介绍一下商务印书馆上海分馆的情况。我们是商务印书馆在上海的一个编辑和出版机构,是商务印书馆总馆直属的,归总馆领导。大家知道,现在的商务印书馆总馆在北京,但它的发祥地在上海,在上海有将近70年的历史,1953年才搬迁到北京。随着改革开放后出版形势的发展,商务印书馆感觉到有必要在上海恢复它的传统出版业务,于是在九年前开办了上海分馆。上海分馆在短短几年的时间里,依靠上海的出版资源,跟上海的学术界和教育界建立了密切的联系和合作。现在,上海分馆有二十多位员工,已经连续三年出版图书近150种。我要感谢在座的许多教授,感谢大家对商务印书馆上海分馆工作的支持。其实好些教授已经在我们这里出了书,像在座的吴晓明教授出了一本受到读者广泛好评的哲学书。

孙周兴教授是我们商务印书馆重量级的学者,重量级到什么程度呢?我的说法可能有点主观,但好像论证下来得到了别人的赞同。商务印书馆开馆123年,也许贡献最多的作者是孙周兴教授。他自己的著作和译作,加上他主编的图书,在商务印书馆出版的已不下100种。所以我们商务印书馆是要向孙周兴教授致敬和表示感谢的。在今年的疫情情况下,孙周兴教授在商务印书馆的出版物有十来种。

让我们感到特别荣幸的是,孙周兴教授最近在我们这儿出版了《人类世的哲学》一书。在这本书里,孙周兴教授高屋建瓴地探讨了技术时代的文明状态和未来可能性。我当时读了这本书的稿子,特别兴奋,以为他这部著作会引起学术界和读书界的兴趣,所以赶紧把它推出来了。今天我们很荣幸地邀请各位教授,一起来座谈孙周兴教授的这本《人类世的哲学》。相信各位的点评一定会让作者受益,也会让更多的人来关注这本书。

鲍静静:谢谢贺总的致辞。本来我还想简单介绍一下孙周兴老师与商务印书馆的渊源,刚才贺总已经说了。孙周兴老师在商务印书馆出版了《海德格尔文集》30卷、《尼采著作全集》14卷,还有《欧洲文化丛书》,以及两套在上海分馆做的"未来丛书",就是《未来艺术丛书》和《未来哲学丛书》。《未来艺术丛书》目前已经出到了第二辑,一共出了13种,最近还有2种要推出;《未来哲学丛书》出版了6种。这两套丛书都是开放性的丛书,都在陆续推出之中。孙老师是海德格尔哲学研究领域的专家，最近这些年又跨界到了当代艺术领域，他写的有关艺术的评论文章不输艺术研究领域的专家。今天我们围绕着上海分馆刚刚推出的《人类世的哲学》来展开我们的出版座谈会。现在请孙周兴老师给我们说两句。

孙周兴（同济大学人文学院教授）：承蒙上海商务贺总和鲍总的美意，给我搞一个新书发布会和座谈会，从来没有做过。以前为我主编和翻译的书做过几次发布会和座谈会，但是为我自己写的书做座谈会，还是第一次，所以不免有些紧张，相当忐忑，生怕大家骂我。心里特别感谢各位的光临，刚才张江老师进来跟我讲了一句话：我是冒着生命危险来的！我当然是理解的。这两天上海又有疫情，张江老师和赵培杰老师本来昨天要回北京的，被我这个会耽误了一天。还有几位朋友，像童世骏校长，忙得不可开交的。发这次会议邀请时，我是有计划的，或者说是有准备的。我想邀请的名单当中，有三分之二的人来就不错了，对于一个小型会议就已经很好了。结果呢，有一位生病了，有一位出差了，就这两位学者没有来，其他朋友都来了。这是特别让我感动的。今天主要是哲学界的朋友，不过我们也邀请了艺术界的一些朋友，跟我这些年对当代艺术的关注有关，而且我这本书里也有涉及艺术的章节。所谓"人类世的哲学"在一定意义上也是"人类世的艺术"。

眼下这本《人类世的哲学》是我的讲稿，算不上体系化的著作。最近几年我仿佛发了疯，用我害人伤人的绍兴普通话到处乱讲。估计这几年我在各地的演讲有五六十个报告，有少数是重复的，有一些是部分重复的。我在这许多报告里抽出12个，没想到竟然达到25万字。我以为一个人一生能说的话不多，在一个时期里能说的新鲜话就更少了。这12个报告虽然各有主题，但内容也有不少重复，自己看着都烦了，所以一直都没能改出来。要不是因为2020年初暴发的新冠疫情，恐怕还是改不出来的。疫情中的几个月，特别是1至4月，我不能出门，生活高度无聊，就只好读书改稿子，终于把这12个报告改出来，同时又对它们进行了结构化处理，分列为四个部分，每个部分还加了主题。这就成了一本书的样子。本来还有两个附录，包括一篇关于新冠病毒与技术文明的文章，因为各种原因被删掉了。讲稿的特性还在，以至于这本书的责任编辑李彦岑看不下去了，跟我说：如果能把这本书压缩到15万字，就很漂亮了。我心想，要删到15万字，估计还得两年时间，夜长梦多，这可不行。于是就没听责编的，无论如何先把书出来；况且讲一些话也不容易，能留就留着吧。

我试着通过这12个有关"技术与未来"的主题报告，探讨今天人类文明的状态和未来可能性。说实话，我这本书里含有一个潜在的动机，就是要纠正一下学术界的复古偏好和倾向。如今在中国学界，复古的势头太强了，古典主义和保守主义受到追捧。大家齐刷刷往后看。我觉得这是不对的，至少是片面的，不合艺术和哲学的当代性使命。是的，我当然同意，回忆和保存是自然人类本能性的精神要素，所以人文科学一直都是"历史性的"；是的，我当然也同意，面对居统治地位的技术工业，今天的人类需要通过艺术人文学进行抵抗，传统自然人类精神表达体系也可能成为这种抵抗的力量。但我们必须看到自然人类精神表达体系衰败和技术人类新文明产生的必然性，我们也必须看到在此文明大变局中，传统价值已经不能有效地构成新文明的世界经验。艺术人文学需要重新定向，需要有一个根本性的转向。所以，我给今天的座谈会设定了一个题目：何为哲学的转向?

今天到场的学者都是我的好朋友,不过我是真心想听听各位的批评意见。既然是好朋友,大家完全可以无情地批判我和我的这本新书。前面说了,我这本书其实是讲稿,是试验性的,论述尺度相当宽大,有好些问题是我没想清楚,也未及展开的。今天经过大家的批判,也许以后我就能出一个修订版,也不枉大家冒着生命危险来一趟。

鲍静静:谢谢孙教授。今天的会议分三段,第一段是简单的介绍,等一下有一个新书揭幕仪式以及合影留念环节。研讨分上、下两个半场,上半场由同济大学刘日明教授主持,下半场由浙江大学王俊教授主持。下面请孙周兴教授、贺总、张江教授、童世骏教授一起移步到这边为新书揭幕。

(新书揭幕仪式及合影留念)

座谈会上半场

刘日明(同济大学人文学院教授):各位老师,下面进入专家研讨上半场。我首先代表主办方之一同济大学人文学院对各位专家百忙之中来参加今天的座谈会表示感谢,同时也要感谢商务印书馆上海分馆和孙周兴教授,为我们提供这样一个机会。作为座谈会上半场的主持人,我先就孙周兴教授的新书发表一点看法。

孙周兴教授的力作《人类世的哲学》由商务印书馆出版了,这是学界同人盼望已久的事情,特别值得祝贺。我清楚,孙老师多年前就开始关注现代技术的发展和走向，思考人工智能、生物技术、环境激素、核武核能等技术（他所说的现代技术的"四大件"）对现代人类、现代世界甚至是对整个地球的影响问题。并且，他的这种关注和思考不是随意的闲谈，而是特别讲究理论架构且富有哲学意味，他思考的都是技术统治时代人类已经或将要面临的大问题。《人类世的哲学》一书确实是孙老师多年来对现代技术、现代人类生存境况、未来人类、未来哲学等相互关联的问题展开系统而深入的哲学思考的成果，它将引领和持续推进学界对这类主题的思考和理论研究，开启国内哲学界的未来之思。

《人类世的哲学》中的多数篇目当时作为文章发表时，我都粗略地翻阅过，前些天也比较认真地读完了这本书。老实说，和许多人一样，我一直喜欢读孙老师的文字。阅读完这本书，我同样心情愉悦，收获颇多，这是意料之中的事情。我自己最近也在关注技术哲学尤其是马克思的技术哲学和未来哲学的话题。因此，我赞同并特别欣赏孙老师所阐释和建构的主要理论观点，并从中受益匪浅。我印象最为深刻的是以下几点。

孙老师对现代技术世界的时代特征和社会实情的切近把握。毫无疑问，现代技术和资本是现代社会的本质根据和基本建制。随着现代技术尤其是以人工智能、生物技术为核心的新兴技术的迅速发展，人的身体、精神、生活世界经验、消费方式发生了根本性的变化，人类社会的文化精神体系、生活样式、社会关系、社会形态已经或将要发生重大转变。在技术时代，人与自然的关系、物的观念、时间意识、组织和社会治理方式等也有了性质上的变化。可以说，现代社会的文明成就、生存困境以及生活世界经验都与现代技术之间有着本质性的关系。孙老师敏锐地洞察到了现代社会的时代特征及其表现形式,切近地把握到了现代社会的历史的本质性和社会实情(现代技术、资本),并把它标识为"技术统治时代"或"技术支配时代",进而讨论了"人类世"等概念,从哲学上分析了人工智能、生物技术、环境激素、核武核能给现代社会和现代人带来的深刻变化、深层和严重后果。在哲学日益陷入跟在知性科学后面亦步亦趋局面的背景下,在人文学者与技术专家之间的隔阂、相互猜疑日益加深的现状下,孙老师开启了一种哲思,把握并揭示了技术支配时代的本质特征和社会实情,对现代人的生存境况和人类未来进行了系统深入的哲学思考。这是难能可贵的,尤其值得我们哲学工作者尊敬。

孙老师把哲学转向的问题再度课题化,开启和构建了未来哲学的基本框架。面对现代技术尤其是现代新兴技术的发展和影响,孙老师在国内哲学理论界开启了未来之思,系统阐释和建构了一种关于人类世的未来哲学。孙老师多年前就开始关注他所说的现代新兴技术"四大件",关注它们在生活世界、精神生活、生活样式、文明形态等方面给现代社会和人类带来的实际和可能的影响和后果。他的最终目标是要开启未来之思,阐释和建构一种未来哲学。这种未来哲学,一方面要能够对因为现代技术尤其是技术"四大件"的出现而已经变化了的现代世界、生活世界经验、精神表达系统有高度的概括和阐释力;另一方面又要能够对"类人"社会、未来社会、新世界经验、新世界的精神表达系统有哲学上的适用和解释力。带着未来之眼,开启未来之思,构建一种未来哲学,这是孙老师近年来的一项宏伟学术计划和目标,也是《人类世的哲学》一书的核心内容和主题,是贯穿其中的红线。

可以肯定地说,孙老师在该著作中近乎完美地落实了这种计划,实现了这个目标。在《人类世的哲学》中，孙老师在全面阐释未来哲学的思想时，把批判性与建构性紧密地结合在一起，确保了思想和逻辑的严格性。所谓"批判性"，即孙老师以马克思尤其是以尼采、海德格尔为强大的思想后盾，对他们关于未来哲学的规定及其思想进行了深刻而富有创造意义的阐释；进而以这三位重要哲学家的思想为阐释和论证的理论依据，对主体性形而上学做了一系列深刻的前提性批判，对作为"后哲学的哲学"的未来哲学的基本方向、意义和可能性进行了鞭辟入里的分析，并提出了许多富有见地的理论观点和思想。孙老师是国内著名的海德格尔、尼采研究专家，在对"未来哲学"思想进行阐释时充分体现出了强大的理论功力和研究优势。所谓"建构性"，即孙老师创造性地提出了"未来是哲思的准星"的主题，并围绕该主题提出了自然人类文明与技术人类文明、自然人类生活样式与技术人类生活样式、自然人类时代精神表达系统与技术人类时代精神表达系统等的区分问题，论证了它们之间性质上的根本差异，得出了"自然人类文明已经发生了断裂""自然人类文明正在过渡到技术人类文明"等基本结论。围绕这个主题，孙老师进而阐释了未来哲学具有的特性和基本规定性，即世界性、个体性、技术性、艺术性。围绕这个主题，在强调技术人类文明应该有不同于自然人类文明的新世界经验的前提下，孙老师深入地分析了时间观或时间意识的转变、物观念的转变、学习的转变等颇具哲学理论意义的问题，创造性地提出了"圆性时间"的观点，划分了"自在之物""为我之物""关联之物"，等等。通过这些理论上的论证步骤和方式，孙老师成功地建构起了一个开放性、指引性的未来哲学框架。这是高难度的理论课题，具有重要的哲学理论意义。它将引领和规约哲学界同人对这一主题的继续深化研究，为学界展开未来哲学研究提供总的方向，确定未来哲学研究的大致框架、范围和主要内容。

尤其值得提及的是，孙老师精准地把马克思作为未来哲学的开启者和同道，将其与更后的尼采、海德格尔一起，纳入"未来哲学家"的系列和范围；认为马克思关于未来哲学的规定与尼采的未来哲学设想是同趣的，从总体方向上看，他们的哲学性质均属于未来哲学的范围。这种判断是符合实际的，也是富有哲学理论见地的。在《人类世的哲学》的首篇中，孙老师分析探讨了马克思在现代技术哲学史上的开创性意义，论析了马克思的"异化劳动"理论与他的资本现代性批判以及技术批判之间的本质性关联，进而通过展望由现代技术规定的未来新文明方向，对马克思的未来社会或共产主义思想进行了合理的重新理解。

基于现代技术尤其是新兴技术的迅速发展以及新世界经验的背景，孙老师把"未来之眼""未来哲学""未来是哲思的准星"作为其论证的重大主题和目标。实际上，这也是在重新提出和阐释一种关于哲学转向的问题。今天由商务印书馆组织的学术研讨会设计了一个很有意义的话题——"何为哲学的转向？"关于"哲学的转向"这个话题，我这里也提出一个意思差不多的说法：为何哲学不能转向过去而只能转向未来？记得卢卡奇对黑格尔哲学有过这样的评价，即认为黑格尔哲学最后的表面的综合必然转向过去而不是转向未来。卢卡奇的评估是有根据的，因为尽管黑格尔特别强调哲学的时代性，但是，他又把现在与将来、现时代与未来对立起来了。在黑格尔看来，哲学是被把握在思想中的它的时代，妄想一种哲学可以超出它那个时代，这与妄想个人可以跳出他的时代、跳出罗陀斯岛，是同样愚蠢的。因此，黑格尔有一个著名的说法："当哲学把它的灰色绘成灰色的时候，这一生活形态就变老了。对灰色绘成灰色，不能使生活形态变得年轻，而只能作为认识的对象。密纳发的猫头鹰要等黄昏到来，才会起飞。"在黑格尔看来，哲学这只猫头鹰除了通过对过去历史的思辨来还原和证实当下所发生的一切具有理性的必然性之外，再也说不出别的东西了；对于未来，哲学更是无话可说。从卢卡奇的上述说法中，我们可以合理地推导出，未来哲学的开启在后黑格尔时代才是可能的。实际上，情况确实如此。从马克思开始才真正开启了未来之思，才有真正的未来哲学；也是从马克思开始，才真正实现了哲学的未来转向，并且这种哲学的转向不能转向过去，只能转向未来。作为一种后黑格尔思想、把握了历史的本质性的哲学，马克思哲学必然贯穿于过去、现在和未来，因此它必然是一种转向未来的哲学。马克思在谈到无产阶级的社会革命时也涉及了哲学的未来转向问题。马克思说："19世纪的社会革命不能从过去，而只能从未来汲取自己的诗情。它在破除一切对过去的迷信以前，是不能开始实现自己的任务的。"

对于哲学为什么不能转向过去而只能转向未来的问题，孙老师在《人类世的哲学》中有自己的解答：作为后哲学的哲思，其基础和立足点是此岸世界、感性世界，而以彼岸世界、超感性世界为追求目标的主体性形而上学和基督教文化其基础已经瓦解，马克思、尼采、海德格尔等思想家实现了哲学的未来转向，开启了未来哲学之思。随着现代技术的快速发展，自然人类文明已经过渡到技术人类文明，自然人类生活样式已经过渡到技术人类生活样式，人类的生活世界经验已经发生了转变，自然人类的精神状态已经衰落和终结，自然人类时代精神表达系统已经崩溃，文明大变局已经到来，哲学必须适应新的文明状态而转向未来。如若仍然停留在自然人类时代,以彼岸世界、超感性世界为追求,那是一种尼采所批判的无视新的生活世界的"理论人""宗教人"的表现;如若无视技术大工业和新兴技术所带来的生活世界变化的事实,仍然向往和留恋过去,羡慕古人的生活,甚至以虚情假意的哀怨之态去虚构历史,幻想回到过去,怀念过去的美好时光,那是一种复古主义,是一种"失乐情结"。孙老师对这个问题的解答是可靠的,有待于我们进一步理解其中的深意。

研讨会按照顺序,上半场有10位学者发言,每位大概有10分钟时间,希望大家提供高见。第一个发言的是成素梅教授。

成素梅(上海社会科学院哲学研究所教授):孙周兴教授新出版的《人类世的哲学》一书我前两天才拿到。虽然由于时间关系,还没有来得及认真拜读和消化吸收,但是,我在读了几个章节之后,就决定将我今年新出版的《改变观念:量子纠缠引发的哲学革命》一书带来赠送给孙教授,因为我从他的著作中读到了思想的共鸣。

《人类世的哲学》一书既高瞻远瞩,又通俗易懂;既有理论性,又有思想性。贯穿于全书的一个基本思路是,基于海德格尔和尼采的思想来探讨未来哲学;作者并且认为,从马克思、尼采到海德格尔都在讲未来哲学。书中从三个方面来阐述未来哲学:一是认为未来哲学将会解构西方哲学史上传统的做哲学的方式;二是认为未来哲学是一种实存的哲学,应该立足当下,或者说,哲学研究不是去阐述哲学家的思想脉络,而应该是用思想来关照现实;三是认为未来哲学需要正视身体的技术化和精神的技术化问题,这是整本书的灵魂。书中将自然人的人类文明区分为两种:一种是自然人类的文明,另一种是技术人类的文明;并且认为,在这两种文明中,人性是普遍的问题,在人类世,人性最根本,而技术文明的发展则要修改人性。因此,关注技术对人性的改变是未来哲学的核心问题。

身体的技术化和精神的技术化的确是当代技术革命发展的一个基本方向。获得2020年诺贝尔化学奖的基因编辑技术能够对生物体基因组的特定目标基因进行修饰或编辑,震惊世界的贺建奎事件便是典型事例。特别是,随着脑机接口技术和人工智能技术的发展,未来还有可能出现各种各样的人类增强技术,比如认知增强、记忆力增强、体能增强等。除此之外,在人的数字化生活中,无形机器人的广泛使用使人与环境的关系发生了逆转,不再是人来适应环境,而是环境来适应人。这些技术发展都在不同程度上提出了重新思考人性、重新思考人类文明的发展方向等根本问题。

孙教授在书中把"人类世"定义为人的自然本性的最后一个阶段,用尼采的话来说就是"末人"的阶段,把人的身体的技术化和精神的技术化看成人类文明最终的发展方向。我想就此请教三个问题。

第一,我比较赞同该书关于未来哲学的讨论,书中明确地将未来哲学看成理解现实和理解技术文明的哲学。我的问题是,未来哲学是否还隐含着关于人类文明的未来发展方向和人类社会的未来人性等方面的全面反思等意思?

随着人工智能、脑机接口、量子计算、纳米材料等技术的发展,一方面,技术在未来的医疗领域的深度应用,需要明确医疗与增强之间的边界;另一方面,未来还有可能研制出诸如细胞机器人、生物机器人等现在我们无法想象的新生事物。面对这些新技术的发展,未来哲学就不能只是关注当下的现实问题,更需要关注未来技术的发展本身。我们的技术发展到必须探讨有所为和有所不为的时候了。

我们必须进一步系统地探讨人类文明未来发展的限度与方向问题、人类在地球上的存在方式问题，以及"什么是人"等最基本的哲学问题。我曾在相关的学术会议上，多次主张把这种哲学称为"关于人类未来的伦理学"。我想知道，孙教授是否同意这种观点。

第二，书中很多地方讲到了技术和艺术的问题，认为人的自然性应该保留艺术，艺术是创造性的，是最合乎人性的；因此，最终的哲学应该转向艺术。我的问题是，您这里讲的"艺术"是指我们通常所说的音乐、美术等艺术，还是有更深刻的含义？

从当代科学哲学的研究视域来看，最具革命性的科学概念的提出，既不是从实验事实中归纳出来的，也不是从既定理论中演绎出来的，而是科学家在潜心解决棘手问题的过程中突发奇想的灵感闪现。比如，1900年德国物理学家普朗克提出的"量子"概念，在今天看来是非常革命性的。但它完全不是因果推理（即，因为A所以B）的结果，或者说，无法对其提供因果性说明。这里的问题是，科学家的创造性与艺术家的创造性一样，都包括直觉因素。也就是说，革命性的科学概念和理论的提出是建立在科学家具有的技能性知识之基础上的，艺术家的创作也是如此。如果您这里面讲到的艺术也隐含有这方面的意义，那么，您的讨论就和当代科学哲学中关于技能性知识的讨论不谋而合了。

第三，书中区分了纯自然的人类和技术文明的人类。我的问题是，您这里所说的"技术人类"是什么意思？技术是在什么意义上的技术？

在人类文明的演进史上，技术是最早出现的。可以说，人类文明开启之时，就包含了技术的元素，只不过那时的技术水平极其低下而已。此后是哲学的诞生。而科学则是在技术与哲学相融合的基础上产生的。在近代自然科学诞生之后，科学与技术之间越来越呈现出相互促进和彼此加强的发展态势，涌现出技术化的科学和科学化的技术，也就是我们现在所说的科学技术。这表明，技术从来就在人类中间。人类文明的发展史，也可以通过技术发展史来反映。技术一直在改变着人类的生存方式，甚至是人类的认知方式。甚至可以说，人类本来就是技术文明的人类。这就提出了纯自然的人类和技术文明的人类之间的边界问题。

好，我就讲这么多。不妥之处，请各位专家批评指正。谢谢！

邓安庆（复旦大学哲学学院教授）：祝贺孙周兴这本新书出版。我感觉近些年中国哲学界有一个新的转变，就是在寻求一种原创性思想的自我表达。我们知道，在马克思主义哲学界，我们吴晓明老师一直在倡导中国学术要摆脱长期以来的"学徒状态"。他说，中国学者提出自我主张的时代已经到来。所以在这种语境中，我们可以把孙周兴这本著作看作一个中国学者提出自我主张的一部分。实际上我发现，在座的很多学者都开始有这么一个转变。倪梁康老师的研究从胡塞尔的意识现象学转向佛学，再转到心性哲学，开始有一套自己哲学思想的自我表达。中国哲学界似乎也有这种倾向。尽管没有看到真正成熟的新儒学成果出来，但是各种讨论、各种新的提法不断地涌现。总而言之，中国哲学界在100多年的时间内消化吸收了西方的哲学成果以后，现在开始根据自身的生存经验尝试性地做出我们自己面向未来的哲学思考。这是一个令人鼓舞的新气象。

《人类世的哲学》第三篇的第三章，是在我主编的《伦理学术》第8卷《道德哲学与人类学》2020年春季号上首次全文刊登出来的，我有幸得以先睹为快。我现在就从这一篇文章来说明我对这本书的印象。确实,从20世纪存在主义流行开来之时起,人们的"生存焦虑"就是我们在世界中存在的时间性。这种时间性焦虑之前是由人的有死性规定的,后来随着技术统治时代的到来,随着各种全球性危机如环境危机、生物多样性危机、核威胁等的出现,"人类是否还有未来"便成为人类生存焦虑的核心。现在,智能机器人的出现更加剧了人类的生存焦虑。所以,孙周兴人类世哲学的问题背景,我认为就是人类日益紧迫的生存焦虑。所谓从重建我们自身的生活经验出发,就是从这种生存焦虑的经验出发:在这个技术全面统治人、人越来越变得"多余"的时代产生的焦虑的经验。他把这种生存焦虑感称为生活经验。他这几年明显的艺术审美的转向,实际上就是越来越从艺术经验出发寻求化解我们的生存焦虑的途径。他把实存哲学最新的研究成果和尼采的酒神精神、艺术精神相结合,试图给出一幅关于人类未来的思考图谱,以此来改造原有的科学心理学,这也是从心理学即实存经验心理学出发来寻求艺术的解放。所以我认为,他这本书的视野是非常新的,延续了海德格尔对现代技术的批判,接续了汉斯·约纳斯1969年出版的《责任原理》的思路,探究人类如何能有未来的哲学人类学。

所以,关于未来哲学的思考,不能遗忘汉斯·约纳斯已取得的成就。要在继承他的成就的基础上继续推进。当时他感受到的危机经验,就是科学技术对人类、自然的统治,导致自然资源迅速地枯竭,导致环境的恶化,而传统的伦理学不可能建立起人类共同面对未来的责任伦理学。他提出责任伦理学,就是要建构起一种共同责任模型,让人类能世世代代地延续下去。人类在地球上实际上一直是"幸存者",没有任何必然性能保障人类能够一直幸存下去。文明的保存与幸存已属偶然,许多文明不经意间就灰飞烟灭,消失得无影无踪了。伦理学对于未来世代责任原理的建立，是要求有实实在在的规范有效性，是非常现实的学问，与艺术和美学面向未来的学问非常不同：它能以感性的形式、以强烈的感染力让人类更有责任来面对我们需要共同面对的这条通往未来的道路。这种责任的难题是"共同责任"。也就是说，在科学技术时代，拯救任何一种能够影响人类未来的危机的责任，都不是一个人、一个团体甚至是一个国家能够承担得起的，因为危机导致的可能就是整个人类的灭亡。因此，鉴于共同责任原理难以建立，艺术的、审美的、心理的生存经验重建就具有了合理的地位。通过这种生存经验的建立，尽力让这种危机不发生，也就是哲学这一非规范性学科的积极作用。所以，孙周兴提出未来哲学的问题，更多地从实存哲学、艺术审美、心理学等方面从事建构，与汉斯·约纳斯的责任原理在规范性方式上是不一样的：既具前沿性，又具有他自身的研究特色。这样一本著作的出版，不仅表现了孙周兴自身学术的转向，也代表了中国学界的一种思想转向。

郭国强（同济大学博士生）：首先非常感谢主办方和孙老师的邀请，也谢谢各位前辈！我的身份是孙老师的博士生，今天所有的嘉宾里面，我是唯一一个他的弟子。前两天孙老师叫我参会，我本来想这是很好的学习机会。现在一看，吓我一跳，还让我发言，我还排在第三个，确实是有些紧张。我也没资格谈更多，因为我是7号晚上才拿到孙老师这本书的。虽然我还是很认真地"啃"，一个字一个字地啃，但还没啃完。我仅谈谈我的一些感受，算是读后感，更多的是请教。今天很高兴的是，见到这么多的前辈，都是国内人文学界特别是哲学界顶级的大师，确实是一个很好的学习机会。

我读孙老师这本书，有几点读后感，同时也想请教孙老师和在座各位前辈。

第一，以前我们都学过马克思主义哲学，包括未来共产主义的愿景。我自己也做过好几年大企业集团的党委书记。我认为，我们以前理解的马克思或者共产主义和孙老师笔下的未来哲学视角有很大的不同，当然不能说有很大的偏差。比如第19页的这段话，我觉得为我们描述了非常好的愿景。当然，我还有一点疑问。比如这里说："今天以人工智能和技术为核心的现代技术，正在加速推动人类身体和精神的双重的技术化（非自然化），从而在不久的将来形成一种新的人类形态和文明样式，后者将有可能接近于马克思提出来的未来社会理想。"我一下子好像看到了共产主义的愿景。刚才孙老师也讲了，我们需要返本，但是更需要开新，结合起来才是完整的。返本不是目的，开新才是。有关马克思提出的未来理想的具体图景，能否再稍微细化一下？像我们这种"门外汉"，对于图景是什么目前不是特别明白。

第二，孙老师提到海德格尔未来哲学的三个重构，其中第二个是思—诗关系的重构，第三个是思—信关系的重构。思—信关系中，信就是宗教。未来哲学要协助唤醒一种神性敬畏。在一个后宗教的时代里，心灵的神圣之维依然留存，我们依然需要一种"后神学的神思"。随着技术化和人类的非自然化，我们现在确确实实无根化（即"去自然化"）了。包括我们自身，尤其是当下年轻的一代，宗教和信仰确实很缺乏。不像西方有基督教，我们只有朴素的、传统的信仰。这一代的年轻人可能在信仰方面是无根的，或者是空白的、真空的。怎样才能够填补后神学的信仰真空？用什么填？我自己也不太明白。用共产主义、马克思的信仰，还是其他的？我一直在思考这个问题，也想请教各位。

第三，我在企业中也带过一些硕士毕业生，带的应届生都是中国人民大学、复旦大学、浙江大学、同济大学等的毕业生。我近几天做了一个小测试，关于如何解读《人类世的哲学》，特别是"人类世"三个字。他们都是985大学的硕士毕业生。当然，孙老师在这本书中也解释了"人类世"这个出自地质学的术语。但是对于很多普通人来说，要理解这三个字的含义还是很困难的。我感到很悲哀的是，36个学生没有一个能看懂。所以我想，孙老师是不是在未来能写一些适合哲学尤其是西方哲学的"门外汉"读的专著。当然，这本书是孙老师写得非常好、既深刻又略带幽默的著作。

我今天听商务印书馆的贺总提到，孙老师是商务印书馆有史以来贡献最大的作者，出版了一百多部作品。作为他的弟子，我感到很光荣。未来哲学更多的是要面对未来、面对年轻人。面对未来的年轻人的时候，是不是还能有一个通俗版？因为这本书可能是专业人士读的。我就讲上面三点。谢谢各位！

李敏敏（四川美术学院教授）：今天有机会来到商务印书馆参加这么多重要学者出席的研讨会，一起讨论孙周兴老师的新书《人类世的哲学》，我深感荣幸。对于哲学，我是一个"门外汉"，所以我对这本书的理解有可能充满了误读。不过，我觉得，不懂哲学并不意味着不能阅读孙老师这本书。这是因为，这本书并不是仅仅写给哲学专业的人看的，书中讨论的技术问题是我们每个普通人都不得不用肉身去承担的。所以，我觉得它是写给所有人看的。

我想说说我是怎么开始阅读孙老师这本书的。去年有一部美剧，里面有一些有趣的情节，其中有一个情节让我印象深刻。剧中有一对自认为思想开明的父母。有一天,他们未成年的孩子说要和他们讨论一个很严肃的问题。这对父母没等孩子把话说完,就自以为是地对孩子说,"你是不是想变性?没问题,等你成年了我们就同意你去做手术"。可是孩子回答说,"我不是想变性,我是决定把自己上传到一个服务器上去"。这时父母就惊呆了,因为孩子的回答完全超出了他们之前的认知和想象。事实上,不光在影视剧里面,而且在现实生活中,今天的我们常常会遭遇和这对父母类似的感受,也就是一种由于技术世界变化太快而导致的困惑甚至错愕。正是因为有这种困惑,我开始寻找与技术现实对话的哲学书进行阅读,于是就找到了孙老师这本书。

在阅读孙老师这本书的过程中,我比较深的一个感受是,书中对于包括"时间""空间"等在内的概念的细致梳理,是为了直面当下的技术生活现实,并重新开启最初被尼采提出来的"未来哲学"。读这本书的时候,我受到了很多启发,尤其让我有共鸣的是孙老师在书中阐明的对于技术的态度。简单地用"悲观"或"乐观"来描述孙老师对技术的态度都不太合适。孙老师承认,技术统治是不可避免的。但是他提出要寻找中间道路,即在技术统治不可避免的情况下,对于技术的反思与抵抗依然是有意义的。

这个回应了尼采的"积极的虚无主义"的对技术的态度让我产生了很多联想,其中包括我相对熟悉的一些视觉领域的作品。孙老师提出,"哲学必然要与艺术联姻,结成一种遥相呼应、意气相投的关系"。所以,我想在这里分享两个我联想到的艺术作品。第一个是当代十分重要的艺术家黑特·史德耶尔的视频作品《如何不被看见》(*How Not to Be Seen*)。这个视频作品用好玩的视觉表达方式讨论,在今天这个数码监控时代,如何可以不被看见。如何对照相机隐形?

如何变得肉眼不可见？如何变成图像而隐形？将摄像头挡住，跑得足够远，变得比像素更小而让摄像头无法捕捉？或者，利用绿幕技术的特点，把脸涂绿而不显现？……作品中有好些有趣的说法，上面提到的只是其中一小部分。大家如果感兴趣，可以把作品找来看看，在这里我就不详细叙述了。我之前在阅读到孙老师书中关于对技术的态度的部分时，一下子就联想到了这个作品。这个作品是否也在表明，在承认技术控制的前提下对于技术裂缝的寻找？是不是也呼应了孙老师所说的对于中间道路的找寻？

我想提的另外一个艺术作品的例子最近被讨论得比较多，它叫作《谷歌地图》(Google Map)。我们知道，谷歌地图有一个功能是可以显示是否堵车，这是通过对手机定位来实现的。当某个地方手机密度非常大的时候，谷歌地图的系统就判定这个地方堵车了。有一个艺术家很好玩，他在一个小推车里装满了苹果手机，然后拉着这个小推车在几乎没有人的街道上晃悠。但这时，谷歌地图上显示那一段路堵车了。这个举重若轻的作品是不是也是一种对于技术的重新想象？这是不是对技术缝隙的寻找和与技术产生对抗的例子？

以上是我在阅读孙老师的书时想到的，算是一些漫谈吧。总之，我受到的启发很多。孙老师也提到，他有关"未来哲学"的想法也还在进行当中，所以特别期待未来在孙老师的书里能够找到更多的答案。谢谢！

童世骏（华东师范大学哲学系教授）：感谢邀请我参加孙周兴新书《人类世的哲学》的研讨会。我对这个题目非常感兴趣，也觉得这是一个非常好的学习机会。

周兴这本书中的主角除了他自己，就是海德格尔。海德格尔确实是哲学家当中特别关注现代技术的。记得20世纪90年代初，那时我在挪威卑尔根大学写博士学位论文，学校请来美国哲学家理查德·伯恩斯坦（Richard Bernstein）讲学。他在该校的科学论研究中心小范围地讲了一次海德格尔的技术哲学，他当时说的一句话让我印象非常深：他说海德格尔的观点"极有创见，也极其危险"（highly original, but highly dangerous）。孙周兴的新书我看了大部分，没有全部看完。我觉得周兴的观点虽然也比较original，但并不dangerous。为什么这么说？孙周兴和海德格尔之间有一个重要的区别，那就是，海德格尔比较consistent（前后一致），而孙周兴不那么consistent。你看海德格尔对自己的纳粹经历也会保持沉默，拒不认错。如果他谴责、自省、忏悔，就会显得不那么consistent。相比之下，孙周兴有好几个地方是矛盾的，但恰恰这些矛盾是我喜欢的。孙周兴如果哪一天前后一贯了，我就觉得不好玩了。

比方说，孙周兴自己是哲学家，而哲学家当然也是人文学者。但他在书里面好多次批评人文学者，说人文学者对技术太悲观了，那不行。当然，孙周兴本科读的是理工科，这也是他写得出这本书的一个重要原因；他比其他哲学家对科学技术懂得多一点。但不管怎么样，作为一个哲学家，他笼而统之地批评人文学者，全然不顾他自己也是一个人文学者。这是一个矛盾。

再比方说，孙周兴经常说翻译的时代已经过去了，翻译工作以后可以交给机器来做了。但从这本书来看，孙周兴做的翻译工作，他翻译的尼采、海德格尔，让机器来做是不可能的；只有读了他对尼采和海德格尔的研究，我们才能相信他对尼采和海德格尔的翻译。市面上有太多不做研究就做翻译的书，往往是没法读的，或者是靠不住的——当然，商务印书馆出版的书除外。

另外一个矛盾是比较根本性的。孙周兴讲海德格尔的方案既不是悲观的，也不是乐观的。那是什么呢？孙周兴欣赏海德格尔的泰然任之（Gelassenheit）的态度。看来，关键的问题不是悲观还是乐观，而是无为还是有为；以及，如果选择有为，怎么有为。孙周兴虽然赞赏海德格尔，但他并不像海德格尔那样冷漠，或者那么无为。海德格尔的观点在很多地方被理解为和中国道家相关，但从这本书来看，孙周兴并不是无为主义者。比如他讲，未来很重要的任务是国际上要有一个合作，要共同解决问题；像这样的说法显然是非常有为的。这也是孙周兴的一个矛盾的点。

还有一个矛盾的地方：孙周兴虽然推崇海德格尔，但是他自己并不是躲在森林里不跟其他哲学家讨论的人，而很重视公共生活，很重视讨论、对话。这大概也是周兴的一个矛盾的地方。

还有一个地方，我不知道算不算矛盾。从哲学的角度讨论当代技术，我的印象里，提得比较多的是康德。康德强调人是目的，而不能只是工具；他还特别强调人的尊严。今天邓安庆也来了，本来指望邓安庆代表康德批判孙周兴代表的海德格尔，结果他一点都没有从这个角度讲。在孙周兴的书里，"人类尊严"这概念我没找到，也可能是因为我读得不仔细。孙周兴非常重视无聊的反面，非常重视人生的意义，他说现代技术可能会把人类生命延长得很长，但接下来无聊的问题怎么办，等等。但谈论意义，还不等于谈论人类尊严。我由此想到今年年初读哈贝马斯《人性的未来》一书的印象。我当时的印象是，写这本书的时候，哈贝马斯的心情一定是非常急切的，因为他发现：现代技术已经使人类不仅可以进行治疗性基因编辑，而且可以进行生殖性基因编辑了；不仅可以人为终止一个胎儿的生命，而且可以人为制造一个胎儿的生命了。在这种情况下，无论是人类作为一个物种的尊严,还是人类作为一个个体的尊严,都受到了根本性的威胁,急需做出概念上、伦理上和法律上的全新应对,而这些应对原来能够依赖的世俗文化资源已经耗尽。孙周兴在《人类世的哲学》中其实也涉及了类似的问题,但他没有展开讨论,或许是回避相关的讨论。

但我觉得,哈贝马斯提到的那些问题是值得讨论的;他继承康德传统重视人类尊严和人的尊严问题,是值得重视的。前面提到孙周兴对人文学者的批评,我觉得如果将哈贝马斯看作人文学者的代表的话,他至少是一个值得周兴去批判或反驳的样本。

我由此又想到孙周兴的另一个矛盾。哈贝马斯有一次被采访者问道,你是一个乐观主义者还是悲观主义者?他回答说,理论上我是一个悲观主义者,但实践上我一个是乐观主义者。我觉得孙周兴与哈贝马斯正相反:他在理论上是一个乐观主义者——至少在《人类世的哲学》当中是这样;但他在实践上却是一个悲观主义者——我记得他不止一次说,房子一定要在比海平面高一点的地方买,免得气候变暖造成海平面上升,甚至还可能因为地震引发海啸。

关于孙周兴的这本书和写这本书的他这个人,我就讲这些。

吴晓明(复旦大学哲学学院教授):非常高兴能有机会参加孙周兴的新著《人类世的哲学》研讨会。虽然发言时间比较短,但我以后还想找机会跟作者好好请教和探讨,可见我对这本书确实很有兴趣。

孙周兴教授原来给我印象最深的是海德格尔的翻译。那时我不仅从中学到了很多海德格尔的精辟思想,而且也为译者敏锐的思考和理解所折服,同时也读过他的一些论文和随笔。后来他又转做尼采的翻译,读了以后感慨颇多。我以为,对尼采哲学的那种真正学术的翻译,在他这里得到了充分的体现。尼采著作跟哲学史的关联以及同海德格尔的关联都被明确地标注出来,例如尼采的术语"无家可归""大地"等,和海德格尔有着重要的关联。而以往的翻译似乎比较倾向于美文学的翻译。同样,在对海德格尔的翻译中,也有一些在理解上具有提示性的东西被标示出来了。一个是"用"或"需用",译者提示同中国哲学的体用关系参照来看,很有启发性。另外,"本有"这个词,他原先译成"大道",后面对此做了一个很长的说明,并提示它和"居有"这个词的联系,是很有兴味的。我倒是更倾向于"大道"这个译名,而不太赞同"本有",因为后者听起来似乎是很形而上学的。

这次让我感到惊讶的是,在我们面前展现的是一本原创性的著作。这本著作真正进入了哲学之中,而且属于很深入的哲学。我原来就相信周兴教授会深入哲学的,只是没想到来得这么快。周兴教授开始讲论他的"未来哲学"思想,颇有点改弦更张的意思,而且是颇具创新性的。《人类世的哲学》令我印象深刻的有以下几个要点。

第一,第一编当中论及马克思、尼采和海德格尔,大致确定了作者在这个研究领域基本的取法。他是从这三位大哲出发,而不是随随便便来谈论"未来哲学"的。我曾跟周兴教授讲,这个取法很高很恰当,并且很见功力。非常明显,作者不是随便从哪个地方起步的,而是从马克思、尼采、海德格尔所指示的基本路向出发来做哲学讨论的。在讲到尼采关于未来哲学的见解时,作者提到了费尔巴哈,费尔巴哈确实对尼采有较大的影响;而费尔巴哈对马克思影响最大的是《关于哲学改造的临时纲要》和《未来哲学原理》。虽然费尔巴哈有重要的贡献,但周兴教授并未予以特别标举,我认为是正确的。费尔巴哈确实有首战之功,马克思曾说他的伟大功绩之一,就是"证明了哲学不过是变成思想的,并且通过思维加以阐明的宗教,不过是人的本质的异化的另一种形式和存在方式,因此哲学同样应当受到谴责"。这意味着,费尔巴哈不是对某一种哲学进行批判,而是对全部哲学、对一般哲学—形而上学进行批判。但费尔巴哈走了第一步,就走不下去了。正如恩格斯所说,"绝对精神"解体之后,施特劳斯、鲍威尔、费尔巴哈、斯蒂纳等都进行了哲学的批判工作,但是就他们最终都"没有离开哲学的基地"而言,他们只不过属于黑格尔哲学的支脉。

在周兴教授新著的第一编第一章中,他还对技术统治做了哲学探讨。这方面的探讨主要有两个思想来源,一个是马克思的批判,另一个是海德格尔的批判。马克思的批判主要是从"世界历史"这个方面来开展的,而海德格尔主要是从"形而上学的历史天命"来对技术的统治进行批判。毫无疑问,关于技术统治及其意义的探讨本质上关系到哲学的未来走向。

第二,第三、第四编突出了生活世界以及关于生活世界的经验等。我认为这方面的研究非常适合于今天研讨的主题——"何为哲学的转向?"海德格尔比较明确也比较系统地阐论了这一点,其决定性的观点反映在如下论题中——"哲学的终结与思的任务"。如果这样一种思想方式得到充分展开的话,我想现今还在几乎所有大学中活动的哲学,就会很容易把这种观点看成自己的对立物。由之而来的"思的任务",实在不是人们一般印象中的那种哲学,而是如费尔巴哈所谓"与生活水乳交融的哲学"。在这里构成决定性转向的是,生活世界重新进入哲学—思想的视域中,而原先哲学所敌视的生活,恰恰构成了整个哲学—形而上学的基础。我们在马克思、尼采和海德格尔的著作中，才重新看到生活世界被决定性地引入思想的视域中。马克思的说法是："意识在任何时候都只能是被意识到了的存在，而人们的存在就是他们的现实生活过程。"

关于生活，尼采同样讲得很多。他特别强调艺术，而所谓"艺术"主要就是指最为广泛的生活经验。尼采由此而要求返回到前苏格拉底的早期希腊哲学中去。就此而言，费尔巴哈至多只能算是一个开端。虽然他提到了前苏格拉底的意义，但他的主要工作是批判现代形而上学。所以他说，思辨哲学无非就是思辨神学，斯宾诺莎是这种神学的罪魁祸首，谢林是它的复活者，而黑格尔是它的完成者。尼采则直接追究到苏格拉底。所以他说，"苏格拉底是哲学史上最深刻的邪恶因素"，从此以后哲学就成了一所"诽谤成风的大学校"。哲学诽谤什么呢？它诽谤生活，诽谤生命，诽谤美的事物。尼采强调艺术—生活。他说，早期哲学是艺术的姐妹，早期哲学不是对生活其他部分的否定，而是从它们中间生长出来的奇妙花朵，是它们被揭示出来的秘密；那些早期哲学家也因此比后来的哲学家更有智慧，他们用一种丰富和复杂得多的方式描述生活，而不是像苏格拉底那样只是简化事物和使它们庸俗化。这里针对的是整个哲学—形而上学，是整个柏拉图主义，于是就有这等意义上的"哲学的转向"。

第三，我认为周兴教授的研究步伐正是踏入了这样一个领域。它既在形而上学之内，又在形而上学之外，因而面临一个决定性的转向。晚期海德格尔曾说，在黑格尔的《逻辑学》中，有"存在"和"无"这样的术语，而在《存在与时间》中也有同样的术语；问题是：在形而上学之内和形而上学之外使用同样的术语，这在怎样的程度上才是可能的？这样的一种批判性的探讨，不可避免地追溯到哲学—形而上学的开端，追溯到苏格拉底和柏拉图。海德格尔关于"第一开端"和"另一开端"的讨论，恐怕是和这个转向特别相关的。因此，探究生活世界和新的世界经验，是最为切近地关联于哲学的转向的。关于经验的问题尤其在于：如果要超出所谓"主体性哲学"或"我思哲学"的话，那么，这样一种经验如何才可能被构成？如果脱开整个形而上学来谈论一种世界经验的话，我想它产生出来的思想后果将会是非常惊心动魄的。所以海德格尔在晚期讨论班中讲道，重要的是做出关于物自身的基本经验。如果从意识出发，那就根本无法做出这种经验。这种经验的进行需要一个与意识领域不同的领域，这另一个领域也就是被称为"此在"的领域。周兴教授就试图进入这样一个领域去论说哲学之转向。

当然周兴教授讲的，大多是关于艺术的；但这里的艺术如果说是关于生活世界和世界经验的话，那它的意义就要广泛得多。它不是我们现在狭隘理解的那个艺术领域，而是说，整个生活世界就意味着艺术性的经验，意味着这种经验的繁花盛开。尼采说，当时苏格拉底躺在希腊艺术色彩缤纷的花园里，却什么也看不到，美的事物都被那一整套理智的东西抹杀了、忽略了。因此，对于哲学的转向来说，艺术的重要性正在于重新唤醒生活世界、唤醒原初的经验领域。所谓"艺术"，首先是指生活世界中物自身的感性显现，"美学"也就是"感性学"。我想，周兴教授可能会在相当长的一段时间中徜徉于艺术。

第四，但是，另外还有一个属于真理之原初发生的领域，那就是政治（周兴教授译作"建国"）。真理的原初发生，是艺术，也是政治。如果这样来理解的话，我们对于"哲学的转向"的理解就会更加广阔，也更加深入。按照柏拉图主义的立场来看早期希腊哲学家,会觉得他们还很粗陋,还很不纯粹;但是尼采的观点是:"早期希腊哲学是政治家的哲学。我们今天的政治家是多么可怜!这也是把前苏格拉底哲学同后苏格拉底哲学区别开来的最好标志。"

这样一种批判性的探讨还将有一种非常重要的意义,那就是能够更好地来理解东方的哲学,特别是中国的哲学。马克思曾经说过,"基督教只有在它的自我批判在一定程度上,可以说是在可能范围内完成时,才有助于对早期神话作客观的理解。同样,资产阶级经济学只有在资产阶级社会的自我批判已经开始时,才能理解封建的、古代的和东方的经济"。我想说,对于哲学来讲也是如此:只有站到这样一种立场上,即西方哲学能够开始自我批判的立场上,才能够真正理解东方的哲学。当它还不能开始自我批判的时候,对他者的理解就会陷入一种严重的歪曲之中。例如,黑格尔讲到孔子时,说孔子只是讲了一大堆自然伦理的东西,实在毫无意义;但恰恰是从尼采开始,自然伦理领域和伦理自然主义的意义才得到了意义深远的重估。就此而言,周兴教授对未来哲学所做的研究确实是很有意义,而且其意义将会是深远的。

最后有两点建议。第一,孙周兴教授曾跟我说,以后翻译工作不做了,因为机器也能够翻译。但是我想,有两类作品大概永远不可能由机器去翻译,一类是文学,另一类是哲学。所以还是拜托他继续艰苦努力,把功德无量的翻译工作做好。在海德格尔和尼采的翻译中,周兴教授是厥功甚伟的。有人说他擅德语,我却认为他尤擅中文——否则便无此佳译。前几天我曾向他请教,海德格尔说真正的思并不是一味向上,而是更切近地思、实事求是地思。我问"实事求是"是哪个德文词,他给我详细解释了一番,我很受启发。第二,"人类世的哲学"这个题目是否可以改动一下?这里牵涉的是形而上学之外的生活世界和新的世界经验，所以我更建议用"人间世的哲学"。《人间世》是《庄子》书的第四篇。庄子说，"人间世无不可游"。我当时读到周兴教授翻译的《论真理的本质》时，真理的本质被表述为"活动着的参与"，亦即"自由"。我马上想起了《逍遥游》，因为此间的"自由"不是形而上学性质的，不是从属于范畴论路向的。未来哲学作为与生活世界相表里的生存论思想，称作"人间世的哲学"，也许是合宜的吧。

我就谈这些体会。谢谢大家！

郁振华（华东师范大学哲学系教授）：感谢商务印书馆和周兴兄的邀请！周兴兄倡导未来哲学，我早就有所关注了，他的一系列文章在发表时我都读过。如今，《人类世的哲学》一书出版，其思考以一种比较系统的方式呈现，真是可喜可贺！

先说两句开场白。

首先，要对周兴兄在哲学翻译上的贡献表示敬意。他在尼采和海德格尔的翻译和研究上的成就，有目共睹。我们都得益于他主编并主译的《海德格尔文集》《尼采著作全集》，如此体量的工作，令人赞佩，应该评全国劳模。周兴对哲学翻译的贡献，除了巨量译著，还表现在对哲学译名的斟酌上。严几道有言："一名之立，旬月踟蹰。"译事之难，由此可见。哲学术语的翻译，尤为困难！周兴对译名可谓精益求精。他主张将"existentia/Existenz"译作"实存"，而非"生存"或"存在"，是有道理的。"Gestell"的流行译法是"座架"，他主张译作"集置"，并给出了很好的理由。"Bestand"一词，他先译作"持存/持存物"，后来考虑了"存料"的译法；这一变更是合理的，我也曾尝试译作"备用物"。哲学术语的翻译之所以值得我们反复斟酌，直接的目的当然是为了准确传达原文的意蕴，但它还有一层更为深远的意义，值得我们重视。周秦以来，中国形成了深厚的义理之学的传统。新文化运动之后，我们开始用白话文讲道理。如何提高现代汉语的说理能力，是以哲学为业的同人都应该认真对待的问题。论理词汇是说理的基本单位。现代汉语论理词汇的积累，除了通过对日常汉语加以提炼、对古汉语加以改造外，还有一条重要的途径，那就是哲学翻译。在过去的100年中，通过移译外国哲学经典，现代汉语的论理词汇得到了极大的丰富。为寻找恰当的译名，周兴兄做了长期的努力，他的一些译名渐渐成为现代汉语的论理词汇。我们感谢他的贡献。

其次，我喜欢周兴兄的运思风格：大开大合，明快健朗。有深厚的学养打底，他时有精辟的见解迸出。"未来是哲思的准星""技术哲学是未来的第一哲学"等，这类句子掷地有金石声。《人类世的哲学》是一部讲演录，其中一讲是在华东师范大学思勉人文高等研究院的高端讲坛做的，我还是主持人。周兴兄的绍普（绍兴普通话）很有表现力，讲演中听众总是笑声不断。该书行文保持了讲演的风格。我在看书的过程中，常要笑出声来，阅读体验相当愉快。我相信，这个文本不仅学界同人会重视，在社会上也会吸引广大的读者。套用杜威的话来说，该书处理的不只是"哲学家的问题"，而且是"人的问题"。

周兴兄亮出了"未来哲学"的旗帜。他将自己的研究领域划分为三大块：德国哲学（特别是尼采和海德格尔）、艺术哲学和技术哲学。未来哲学是他的纲领，尼采和海德格尔是他的思想资源，技术哲学和艺术哲学是他着力开拓的两大领域。干净利落，义理规模初具。真为他高兴！

下面，我想从两个视角出发来理解《人类世的哲学》，同时提出一些问题，向周兴兄请教。

第一，古典三项的转进与重置。亚里士多德区分了三种人类活动，即理论、实践和制作，其卓越表现分别为理论智慧、实践智慧和技艺。所谓"古典三项"，意即指此。在历史发展过程中，理论、实践和制作的内涵不断更新，三者之间的关系也不断变化，是谓"转进与重置"。古典三项的划分对后世产生了深刻的影响。1924—1925年冬季学期，海德格尔在马堡大学开了一门课——"柏拉图的《智者篇》"。该课程的引导部分讨论了亚里士多德的思想，核心便是古典三项。选课的学生中，有伽达默尔和阿伦特。我的体会是，亚氏的划分具有很大的概念潜力，从古典三项的转进与重置的视角来审视人类历史进程，可以让人看清不少问题。

先看制作/技艺。历史地看，制作/技艺一开始表现为各类手工技艺，然后发展为现代技术，海德格尔用"集置"来刻画现代技术的本质。周兴兄在此基础上讨论了现代技术的"三大件"（飞机、电视和计算机）和"四大件"（人工智能、生物技术、环境激素、核武核能），讨论了自然人类身体和心灵的双重技术化，进而讨论了当代思想中的技术悲观论、技术乐观论和技术命运论。这些问题的出现，是制作/技艺不断演进的结果，其中最为关键的是古代技术和现代技术之间的本质差异。

从制作/技艺的转进来说，现代技术中最具挑战性的，是基因工程和人工智能。就后者而言，比较尖锐的问题是：如何看待所谓的AGI（通用人工智能）或者强人工智能？会不会出现像人一样甚至超过人的智能？对此，我们应该持什么样的态度？当然，目前的技术还远没有达到这一步，我们基本上还处在专用人工智能和弱人工智能的阶段。但是，哲学思维很大程度上是极限思维，哲学反思的彻底性要求我们设想极端的情形。事实上，学界同人已介入这样的讨论了。赵汀阳的想法是，绝对不能让AGI发生；在人工智能的设计中要装一个程序炸弹，一旦这样的智能出现，必须让它引爆，让它毁灭自己。韩水法则认为，在人工智能不断升级的过程中，人的能力也在不断提升；应该欢迎人工自为者（artificial agent）的出现，因为它作为进化的竞争者，会促进人的进化。这个问题还会不断被争论下去，借此我们可以把各种可能性想想清楚。

再看理论/理论智慧。古典理论知识（episteme）包含数学、物理学和形而上学。就理论的转进而言，17世纪的科学革命是特别重要的事件。受海德格尔的启发，周兴兄很重视古代科学和现代科学的差异，他强调现代科学是形式科学和实验相结合的结果，由此解释了现代科学和现代技术一体相连的事实。如果将海德格尔的洞见和科学史研究结合起来，相信我们对这些问题的理解会更加深入。在形而上学的层面上，也有一个转进的问题。周兴兄粗线条地勾画了西方哲学史上的三种物观或存在理解：从自在之物到为我之物，再到关联之物。与此相应的是对世界的三种理解：从自然世界到对象世界，再到生活世界。在《存在与时间》第15—18节中，围绕用具整体、指引整体、因缘整体以及意蕴的关联整体，海德格尔对关联之物和生活世界做了细致的现象学描述。我觉得，在了解哲学史的发展线索之后，更进一步的问题是：如何理解三个世界、三种物之间的关系？生活世界与前两个世界之间的关系如何？关联之物与前两种物之间的关系如何？这是当代形而上学难以回避的问题，海德格尔、哈贝马斯、德雷福斯等都认真思考了这个问题。

最后看实践/实践智慧。这里，有必要提一下沃尔皮（Volpi）

和塔米尼奥（Taminaux）的研究。他们俩是优秀的海德格尔专家，较早地探讨了海德格尔和亚里士多德之间的关系。沃尔皮认为，《存在与时间》是《尼各马可伦理学》的"转译"，海氏的此在实存论分析打上了亚氏实践哲学的"水印"。他说，此在是实践／实践智慧的存在论化和彻底化，在手状态对应于理论／理论智慧，上手状态对应于制作／技艺。受尼采和海德格尔的启发，周兴兄反对线性时间观，倡导圆性时间观。线性时间观可追溯到亚里士多德。但是，有意思的是，沃尔皮和塔米尼奥都指出，亚氏对实践／实践智慧之时间特征的分析，却与海德格尔的源始时间观颇为相契：实践／实践智慧以未来为取向，且具有时机性特征。这是立足于实践／实践智慧之维，对周兴兄圆性时间观的支持。

周兴兄说，人类已进入技术统治时代，技术统治压倒了政治统治。技术统治以现代技术为制度构造和社会治理的基本手段，政治统治则通过话语商谈来实现。

在描述的意义上，他的观察我能理解；但在规范的意义上，这样的表述可能会产生误导。在此，有必要强调实践／实践智慧的政治之维。古典三项的相互关系在历史上不断变更，所以有"重置"的问题。理论、实践和制作何者优先、何者有决定性作用，在不同的哲学家那里有不同的理解。但是，三项具有相对的自主性、独立性，人类社会的健康发展有赖于三者的相互牵制、相互平衡，任何方向上的还原都会丧失重要的思考维度。阿伦特和伽达默尔都意识到，实践／实践智慧是抑制技术逻辑无限扩张的重要力量。实践／实践智慧既有伦理之维，也有政治之维。阿伦特在《人的境况》中区分了积极生活的三种形式：劳动、工作和行动。她强调行动的复数性，将其看作政治生活的基本条件。实践／实践智慧的政治之维也有

"转进"的问题:在古代,以城邦为单位;在近代,以民族国家为单位;时至今日,为了克服现代技术的致命风险,建立切实有效的全球共商机制迫在眉睫。最后这一点,正是周兴兄所强调的。可见,为克服技术统治之弊,商谈非但不能被弱化,反而应该被强化,应该在更大的范围内富有成效地展开。

第二,雄健的人文学(robust humanities)。这涉及当代人文学的定向问题。在科学技术一日千里的背景下,人文科学的危机是一再被人提起的话题。陈平原提醒人文学者,不要做"深宫怨妇",要"理直气壮、恰如其分地说出人文学的好处"。周兴兄对人文学界沉溺于乐园情结、偏好历史性、动辄伤逝怀古甚为不满,主张人文学术要面向未来。我赞同两位的意见,认为人文学术应当摆脱自怨自艾的孱弱形象,应该倡导一种"雄健的人文学"。

人文学的特异之处在于开辟出一个价值界。正义、真理、自由、善、美、仁爱、慈悲等,乃是人类的基本价值。人的尊严、人的形象就建立在这些价值之上。人类基本价值是来自人性深处的要求,它们总是要实现自身,从应然(ought)转化为实然(is),这就是价值的规范力量。

价值界不在真空中,没有阻力、摩擦、风险,难以成就雄健的人文学。人文逻辑总是在荆棘丛生的现实世界中为自身开辟道路,它摆脱不了权力逻辑、资本逻辑和技术逻辑的纠缠。权力、资本和技术都是人的创造物,它们既是社会发展的动力,也会蜕变为巨大的异化力量,阻碍人性的健康发展。人文逻辑正是在与权力逻辑、资本逻辑和技术逻辑的冲突斗争中实现自身的。勇于斗争、善于斗争的人文学,才是雄健的人文学。其目标是实现人文逻辑对于权力逻辑、资本逻辑和技术逻辑的嵌入和范导。比如,在绿色化学的理念和实践中，在对人工智能和基因技术的伦理问题的探讨中，我们正在此方向上做积极的努力。

我提出这些粗浅的想法，向周兴兄讨教。谢谢大家！

张江（《中国社会科学》杂志社总编）：首先，我要提出两个问题：其一，孙周兴先生的未来哲学是要对全部以往哲学的依赖性进行清算和批判吗？其二，我们需要当代的海德格尔和尼采（像孙周兴先生这样的学者），抑或需要海德格尔和尼采在当代的复活吗？

我第一次听孙周兴先生谈起"未来哲学"的时候，是非常激动的。当时我就想，关于"未来哲学"，尼采早就已经说过不少话了，孙周兴先生在21世纪的今天再次提出这样一个议题，有什么意义吗？孙周兴先生说，当下在人文领域，甚至在更为广阔的学科领域，复古的色彩很是浓重。我想，大家对此也一定会有同感。譬如说，在阐释学领域，就有不少人依然在重复着哲学史上的阐释学家或阐释学研究者的话语。阅读经典和重读经典当然是非常必要的，但关键是要从经典中走出来，关注当下，面向未来。孙周兴先生是尼采研究的专家，但他的主要工作不是重复尼采100年前说过的话，而是通过哲学史和思想史的梳理，探索自己的阐释路径，确立自己的理论框架，当然最重要的是以未来为指向对当下中国与世界面临的问题的思考。

阅读历史经典，目的在于进行当下的思想创造。我自己的体会和感受是，不仅是哲学，而且包括我国人文社会科学的各个领域，都必须面向未来。不面向未来，只是不断重复别人曾经说过甚至说过多次的话，是没有什么意义的。

此外，我还要提出一个问题：未来哲学要解决什么问题？当下的人文科学，特别是当代西方文艺理论等学科，对于科学及其精神、传统不感兴趣，缺乏应有的关注。如此下去，是不会有什么前途的。疫情期间，我在家里读了一些心理学方面的书，一个很深刻的感受是，心理学能够发展到今天这个样子，在西方的人文领域能够具有主导性的影响，很重要的原因在于它当年的一个转向。弗洛伊德以后有一个很有名的心理学家，认为过去的精神分析研究都是把人当作病人来看，传统心理学的重点在于解决"谁有病"的问题。但是，这样做是不对的。所以，精神分析研究和心理学研究应当进行转向，即把人看作健康的人，把重点放在"人如何更加健康"上。心理学的这一转向使心理学渗透到各个学科之中，在有的学科中甚至发挥了主导性作用。对过去人们大多以为是胡说八道的事情，心理学可以给出不可辩驳的证据。比如，弗洛伊德提到的恋母情结，通过心理学的实验就可得到证明。而且，心理学家在实验室里做了大量可重复的实验，它们是哲学反思或形而上学思辨望尘莫及的。

　　所以，我认可和赞成孙周兴先生"未来哲学"的提法。关注科学技术对于人的生命和人类未来发展的影响，是思想家的职责和使命所在。人工智能的发展带来的一系列挑战和问题，是我们不得不要面对和解决的。通俗地说，它可以让我们活着而且活得更好，也可以让我们死去甚至走向毁灭，关键看科学家和哲学家们怎样阐释和理解。孙周兴先生在对以往的哲学进行批判反思的基础上，着力探讨现代技术与人类未来的关系。这种构筑新的生命哲学或重建生活世界经验的尝试，是值得肯定和尊敬的。

　　几年前，我曾与英国知名学者吉登斯讨论我提出的"公共阐释论"。他在就公共阐释问题认真提出意见的同时，建议我写一篇"人工智能论"，并答应推荐发表。当时我想，虽然这个问题很重要，但自己没有什么研究，所以不能就人工智能问题随意发表意见。今天听了孙周兴先生的开场白，也翻了翻他的书，我觉得吉登斯的意见是对的。孙周兴先生的书我还没读完，但我还是要对他表达一下我的尊敬。他是个老牌学者，在学术界有着很大的影响力。孙周兴先生在治学上的认真和坦诚——这从《人类世的哲学》第27页脚注关于"解释""阐释""诠释"译名选择的说明中即可看出——确实让我很感动。多年以来，一些学者在自己的著作甚至译作中，在同一页书甚至同一段话中，既将"Auslegung"或"Interpretation"译为"解释""阐释"，也译为"诠释"或其他；也就是说，"解释""阐释""诠释"三个词往往是反复交叉地被使用的。与此相对应，既有将"Hermeneutik"或"Hermeneutics"译为"阐释学"的，也有将其译为"解释学"和"诠释学"的，还有将其译为"释义学"的，等等。去年在海南举办阐释学论坛时，我曾经当面问参与讨论的诸位先生，是否想过三个中文词汇之间在内涵上的区别，只有孙周兴先生非常坦率地说没想过。但是，据我近年来的考证和研究，在我们的祖先造字的时候，"阐""诠""解""释"等形、音不同，而且被分别赋予了不同的含义。从刚才我提到的那个脚注看，从海南阐释学论坛举办到《人类世的哲学》出版，孙周兴先生不仅想过，而且认真想过了上述几个中文概念内涵上的不同及与外文词汇的对应关系。

最后，给商务印书馆提两个建议：一是借鉴学术大家翻译外文著作的经验，每出版一本重要译著，都应让译者写一个具有较高学术水准的序言，让大家知道译者是在读懂弄通原著甚至是在有一定研究的基础上进行翻译的，而不仅仅是做中外语言的转换。其实，这也是阐释学领域的一个重要问题。至少，学术著作就不是什么人都能翻译的；只有做过研究，理解了原著的内容，翻译才能做得好。二是要适应当代学术生产方式、传播方式和阅读方式的变化，在出版纸质版学术著作的同时，也要推出可检索和引用的电子版。也许，这会成为商务印书馆社会效益和经济效益的一个新的增长点。

唐春山（上海ATLATL创新研发中心主任）：我不是哲学圈里的，而是学工科的，现在做生物技术方面的投资生意，我就简单地讲几句。我们的ATLATL创新研发中心在上海张江，全球最大的微生物实验室就在我们那里。我还跟孙周兴老师合作，在这个中心搞了一个艺术空间。虽然不懂哲学，但我愿意跟孙周兴聊天，聊一些不着边际、海阔天空的事。

我认为人类今天面临的并不是经济危机，而是政治危机，它背后实际上也跟技术资本有关。只有技术才能造就全球分配的不均衡现象，也正是技术造成了今天全球的治理危机。我们看到，人类已经来到一个十字路口。这个时候，如何展望未来？技术文明恐怕是不可逆的，它一定处于解构过程中，但它重构的是什么？思想肯定是要跟进的，去探讨这些问题。刚才大家提到的人工智能和生物技术，它们对人类的威胁现在已经成了全球话题。我认为最可怕的是，信息技术与生命技术二者的结合将会产生非常惊人的力量。这个力量真正的可怕之处，不是这个技术变得多么有力量，而是这个技术反过来会改变人类。我们是最后一代自然人类了，未来人类是什么样的？人类将被技术彻底地改变，但在初始阶段大概只有一部分人被改变，人类社会将再次被分化。技术不断进展，神经科学、生物技术与人工智能、信息学不断地融合，会使人类进一步分化。而人类还没有做好准备来面对分化的结果。这是我的看法。正因此，我认为思想界是不能缺席的，需要思想者直面这些未来的难题。仅仅停留在对哲学传统做一种再思考或者阐释上，肯定是不对的。这时候可能需要我们勇敢地转身。面对未来，难言乐观或悲观，甚至可能不能用悲观或乐观来讲，因为一种彻底的改变已经无法挽回地到来了。

赵培杰（《中国社会科学》杂志社哲学部主任）：首先祝贺《人类世的哲学》在人类社会的问世。承蒙孙周兴先生抬爱，我有幸比较早地得到这本书并拜读。无论是主题还是内容，都让我很受启发。

孙周兴先生提出的"未来哲学"问题，也是我和学界很多人近年来一直很关心的问题。现在，中外学术界都在讨论当今时代的第一哲学是什么？虽然科技飞速发展，且对人类社会的影响越来越大，但我还是不赞成把科技哲学称为"第一哲学"，因为第一哲学很可能是包容但又超越科技哲学并把科技与人文重新融合在一起的哲学。在我看来，孙周兴先生提出的"未来哲学"，即便我们暂时还不能武断地就把它看作第一哲学，但它也已经勾勒出将引发学界高度关注且学界也必须深切关注的第一哲学的基本框架。最为重要的是，孙周兴先生提出的"未来哲学"问题，不仅仅是哲学自身的转向问题，也是人类本身的转向问题。

如上所言，未来哲学可能是使自然科学和技术科学与人文社会科学重新走到一起的哲学，是科学和人文都应回归"初心"的哲学。如果它们不能走到一起，如果它们不能实现深度的交叉和融合，人文社会科学没有未来，自然科学和技术科学没有未来，人类也没有未来。孙周兴先生在《人类世的哲学》一书中讨论了很多涉及自然科学、技术科学和人类未来的问题，努力对本来状态的人类文明（或孙周兴先生所说的"自然人类文明"）面临的挑战和危机做出哲学本应做出的观照和反思。

刚才有专家也提出这样的疑问：像人工智能、生命技术、生物技术等前沿科技将来会不会走向结合？我认为，它们一定会走向结合，这不是什么个人自律或国际规则能够避免的。其实，斯蒂格勒已经以他的自杀警告了我们。人工智能的发展会不会对自然人类文明产生不可预期的负面影响甚至是毁灭性影响？会不会给整个人文社会科学，包括人文社会科学的研究对象、研究手段，带来颠覆性的改变？会不会对自然人类的生产方式、生活方式、思维方式、行为方式、交往方式产生重大甚至是决定性的影响？我们还可以问，虽然我们今天在这里谈论"未来哲学"，可人类有未来吗？这些问题的答案的实质性呈现，也许并不那么遥远。

孙周兴先生的书中也提到，未来哲学有一个前提。按照我的理解，这一前提是要坚持非种族主义。我觉得不仅要坚持非种族主义，还应该加上非人类中心论、非种族中心主义、非民族主义。当下，不管是在东亚还是在西欧、南美抑或北非，人类所面临问题的共同性、普遍性越来越强。刚才，有几位专家就技术的未来发展状况以及人类会因此做出什么改变等问题发表了观点。我只想说，无论是在学术界还是在社会上，现在有相当多的人是站在人类中心论的立场上来看待当代科技的发展，包括人工智能的发展的。他们狂妄地甚或极端狂妄地认为人可以掌控一切。我觉得，这份"自信"可能在未来会被证明是非常可笑的。在过去数百年间甚至在当下，人们总是习惯于把科学和技术当作人的工具来看待,觉得人可以控制自己制造出的一切,觉得人永远会比他的衍生物聪明。但是,即使是现在,人工智能显示出来的很多东西至少已经是人类做不到或不能完全做到的了。我觉得,人类还是应该放下自己的虚荣心、自大心,逐步学会与机器人和平友好地平等相处,既不要成为机器人的奴隶,也不要妄想成为机器人的主人。

(茶歇)

座谈会下半场

王俊(浙江大学哲学系教授):孙周兴老师一直是我尊敬的老师辈的学者,以前以翻译著称,贡献卓著。今天这本《人类世的哲学》意味着,他可能要开始一个新的原创性阶段,所以今天大家来研讨。他这本新作是一部充满理论张力和现实关怀的哲学著作,一方面展示了作者长期致力于移译尼采、海德格尔、现象学和当代艺术哲学作品所引发的思想线索,另一方面也体现出作者鲜明的问题意识和时代感。这在目前汉语学界的外国哲学研究中难能可贵。未来哲学以批判性的视角审视时代问题,观照人类世的生存经验,同时又不耽于古今之争的陈词,兼具跨文化的开放性视野,把哲学带出故纸堆,将之拓展为基于真切的生命体验、自由经验、无限可能性的实践姿态,构造出一套极富时代感的哲学话语。作者秉持这样一个极为宽广的、充满生命力和想象力的哲学构想,挥洒自如地把艺术实践、心理学、技术批判都融入未来哲学的框架之中,为当下人类的生存和思考确定了一个指向未来的准星,同时也为哲学在当下和未来人类知识体系中的定位做了最好的安置。这样一门未来哲学，就如胡塞尔所言，是"真实的、依然生气勃勃的哲学……为真正是自己的、具有真理性的意义而拼搏，并因而为真正人性的意义而斗争"。

在本书中，作者以大开大合的言说方式、天马行空的理论思考回答了，作为一种知识形态和反思方式，哲学如何在新的时代境域中对人类根本的生存经验起到指导作用。作者就像一位思想的艺术家，他所关心的不是细密的学理考据、烦琐的文本分析，而是基于宏观的哲学感悟对时代问题做出充满个性的回答。在本书中，一方面，尼采、海德格尔、超人、生活世界这样的哲学话语构成了一个个引人入胜的思想论题；另一方面，作者本人对于思想、生存、艺术、科技、时间等话题的思考闪耀着原创性的光辉。二者汇聚成一条洋溢着生命力的思想主线，引领着读者进入自由的哲思。尽管本书可能在具体概念辨析、文本诠释上还有一些可以争论的空间（比如"自然""人类世"概念所隐含的人类中心论倾向等），但在我们这个意义空乏的时代，这样一部雄浑的思想著作和这样一种鲜活的做哲学的方式，无论从何种意义上说都是难得的。

下面第一位发言的，是中国美术学院的艺术家蔡枫教授。

蔡枫（中国美术学院版画系教授）：孙老师搞艺术这件事也好，出这本书也好，其实是有点"倒逼"的意思的。他涉及艺术领域至少20年，但是最近10年也碰到一些问题。碰到一些艺术农民也难搞的，所以他就尽量讲一些降维的话跟他们打交道，尽量少讲哲学"黑话"。他在多所艺术院校做了多回讲座，挺好的一个情况是，年轻教师包括年轻学生貌似听不太懂，但是实际上反响好，这或许就是降维的好处。听讲座,你想听、能听进去是最好的,直接就有收获;听不进去,弄本书看看也蛮好。刚才有学者讲,现在已是书媒时代了。对啊,那电子版书就应该出版,那不是很好吗?一方面可以出新媒体版,另一方面可以做纸质书,两方面互为补益。就像刚才有一个事就很说明问题:鲍总要大家排队合个影,我就想拍一个抖音,但没被同意。现在开学术会什么的没有多少人知道,如果搞个开会短视频也许就有人关注,搞个抖音就可能有更多人围观。关于孙老师有关未来艺术的说法,我琢磨了半天也没发现他提到抖音。但他讲的意思好像与抖音有关,涉及"人人都是艺术家"的观念,比如即时性、短时性、快节奏、碎片化、同质化、技术美学化甚至是美学政治化,等等。这些东西都是抖音平台已有的。我觉得这平台很牛,关键是什么人都来搞创作,这个平台就更当代艺术了。当然,抖音的同质化是有问题的,艺术同质化了就不那么艺术了。艺术不能搞同质化,而应反同质化。平台搞算法就算了,艺术应该反算法。我看过海外的TikTok,倒是搞得蛮好,一些视频带有一些政治理念,包括立场、表述和呈现也颇具原创性。这个就很当代,这样的TikTok创作是很当代艺术的。如果能利用这个平台来创新创作,让它广泛传播艺术观念,那就可以说实现了博伊斯提出的某些东西。大搞博伊斯蛮好的,而且真的搞,我们就是博伊斯了。但是现在,在搞抖音的貌似人人都是艺术家,实际上平庸的太多,只为着利益去制作。再说,现在的当代艺术是小众圈,出了那个美术馆展厅就不那么有光环了。问问大众,没有几个人知道你是谁。即使是很有名气的艺术家,也只在圈子里有影响,一出圈子就没有人知道,远不如一个网红有名。这个情况值得反思。另外,孙老师是有"野心"的,要与艺术农民直接说法。我觉得这个操作其实刚刚开始,因为人最容易忘记，所以广告才需要常常做，只有持续地去做活动方能见成效。中国的艺术现状比较清楚，差不多有几类：传统类生态的、体制类生态的和当代类生态的等，或搞些准技法的，或搞点主题性的，或搞观念性的。谈到未来，在一个人工智能、生物技术主导的科技时代，貌似有"多余的人"去搞艺术。当然，艺术不是像马云说的那种唱唱歌、跳跳舞，艺术应该像科技那样是一种创造性的东西。当代艺术或未来艺术必须要有升级版；如果没有，老套路的东西就让人恼。当代艺术就应该是一种创造或预示未来的活动，创作或预示一个还没有在其他地方实现的未来，它似乎是预先的揭晓。

再讲一点，未来艺术涉及药与艺术的问题，或者说艺术就是药，或者只需要药就行。"药"这个东西实际上一直存在，古今中外都是，从五石散到毒品，我们看到其持续的存在。与创作有关的状态大概有三种，即药物作用状态、酒神或陶醉状态和精神分裂状态。再说，现在的科技都搞到基因了，搞到左旋、右旋药了，如果我们还在搞老一套就会显得很无力。谈到宗教的身体技术问题，我的认识与孙老师的不同。宗教中包含身体技术，有些还是强大的、可操作的技术。比如，瑜伽就是一种身体技术，它当然不是商业瑜伽那种东西。这是药物技术以外的另一种身体器官技术，它甚至是不可能用学术研究来完成的东西。如果艺术真的把这一块搞定了，那么这将是一件大事，它将是一种真正的身体艺术。当代艺术的不少案例只是套这个概念而已，这就比较糟糕了。

我把孙老师的书的最后部分也看了，而且我也听过他的讲座。他讲自然人性和技术人性的问题，我觉得他讲的是两个东西的平衡问题：一个是技术人格的平衡，一个是自然人格的平衡。我想，自然人性中还有一个东方的部分，它包括一个宗教的身体技术的问题，它应该不是"邪教",所以我们提出需要两个平衡。这是我的理解。谢谢大家!

寒碧(同济大学人文学院教授):特别抱歉没有仔细读这本书,最近太忙迫了,其实是太拖延了。作林散之先生诗文集序,躲在杭州一个星期,却没憋出几行字来。因为是孙周兴的新作发布,又是商务印书馆组织会议,所以特意返沪参会,会议结束还要回去。于哲学我是外行,"未来哲学"更不用说了,"过去"的我还没有搞懂呢。他这本书又用了"人类世"的题目,分析的问题、表明的立场其实是"当代"的。这两年我和周兴有很多合作,组织会议、策划展览、主编《现象》,都是当代的,偏重于艺术、当代艺术,其实也可以说是当代哲学。我们越来越倾向于达成这种认识:当代哲学和当代艺术是一而二二而一的,性质上完全一样,步调上也完全一致,只是玩法不同罢了。这个不同的玩法,粗浅的表述就是:艺术比较具体,哲学更加概括。我们两人的工作风格,差不多也能对应这种比照。因此应该讲,我对他很了解。他的书,我基本上都读过,可唯独这本没来得及看,算是哪壶不开提哪壶。我会前简单翻了目录,又读了序言、后记,有些浮光掠影的感想,就说两点。

　　第一,从学界的大局势看,周兴的基本立场是主逆的。"主逆"的意思是冒然而作,或逆流而动。这个说法来自魏源,他在《〈定庵文录〉叙》中讲到越女论剑:"臣非有所受于人也,而忽然得之。""夫忽然得之者,地不能囿,天不能嬗,父兄师友不能佑。其道常主于逆:小者逆谣俗、逆风土,大者逆运会,所逆愈甚,则所复愈大,大者复于古,古者复于本,若君之学,谓能复于本乎?所不敢知,要其复于古也决矣。"魏源认为,龚自珍的天才是"忽然得"的，而且"逆运会"，和主流的价值取向背道而驰，这一点很像周兴的才能与做派。不过，魏源说龚自珍是复古或者复本，多少就与周兴有出入了。说复本没什么问题，周兴把海德格尔的 Ereignis 译成"本有"，又喜欢讲生活世界的重建，其实都可以说是复本。但说复古就不行了，他讲"未来哲学"，因此就南辕北辙了。至少"复古"这个词汇，在当今学界的一般氛围里，代表着主流，或者说主导。周兴恰恰就是反对这个主导。我说他的立场是主逆的，就是逆于这个主流。现在一眼望过去，做中哲的就不说了，好多做西哲的都在讲传统文化，德、法、英、美各走了一圈，回过头来解释历史决定，解释所谓"中国性"。这是很成问题的。当然也有做得好的，像倪梁康，从现象学转到佛教，转到宋明理学，就比较精实。但这样的人没有几个，大多数只是随波逐流，尤其是那种大而无当的中西比较加比附，自我主张大于问题意识，比来比去都是情绪反应，差不多弄成关公战秦琼了。一哄成醉的风气很荒谬、很虚饰，被周兴揶揄为"乐园假设"。我觉得他看得很准。反过来看，他的未来哲学虽然有尼采的先声远影，却不是概念化的引得注疏，而显示出了很强的现实针对性。当然这几年他也在转，但是不像倪梁康他们往中学上转、往中国思想史上转，而一直守着自己的筑基，同时省思自己的位置。在这个前提下，他转到了对生活实践的思索上，倡导实行实至的观念和行动。这就很有意思了。我说他主逆，观察点在这儿，这只是在专业内部说。其实他同时也转向了专业外部。他转向艺术了，转向当代艺术了，转向艺术自由了，转向自由创造了。这在学界确实不多。这个转法也确实困难，因为当教授做课题、做材料，受限于学术工业规制，最容易把自己弄成学究，容易脱离实际，心思比较僵硬。做艺术恰好相反，它要的就是鲜活，强调特殊感受，训练敏锐感觉，不能服从规矩，讲究创造力，甚至是破坏力。成事的艺术家没有一个是学究。他当然有学院训练，但最后一定要全部摆脱。艺术上的所谓"学院派"差不多就是个贬义词，等同于没有创造力。另外，当代艺术的一个鲜明特性是，其出发点也都是主逆的，一旦成为"主流"了，就不是当代艺术了。所以它反对普遍，主张独特，这已经是基本前提，否则其本身就不能成立。而周兴的观点和思考和它是步调一致的。但是，他又对这种一致并不满意。我经常开玩笑说他精力过剩，花样繁多，非要琢磨个新门道，不管不顾地往前走，所以他就弄出个"未来艺术"。艺术界专门做研究的，比如做艺术史、艺术理论、艺术批评研究的学者固然不少，但像他这种思想深刻、特别尖新并能高度概括的，也算绝无仅有了。我想，这归根结底还是因为他是个哲学家。西方现当代的新艺术，真正立得住、有影响力的创作，很少没有哲学家参与解释的。中国艺术界自20世纪80年代开始一直看西方，创作者、阐释者也都愈来愈向哲学靠拢。像周兴这种根底雄厚的哲学家就显得贵重，他的出现其实给艺术研究带来了很多可能。

第二，前面有人说到周兴的"自我矛盾"，好像是童世骏校长讲的，我认为讲得非常准。因为他一直有高度概括的才能，偏偏又是不定局或者不定义的，他就在一个忽上忽下的过程中。他的所谓"未来"也在这个过程中。未来不是单向度进程，仿佛有无往不复的可能，一切都开放着，既有一个方向，又无一定结论。这个矛盾其实也特别符合当代艺术。我想到新莱比锡画派的尼奥·劳赫（Neo Rauch），他是东德背景，绘画能力超强，能驾驭大场面、组织大结构。这背后其实有一种集体性思维的作用，就是社会主义现实主义这套东西。以后，它就过时了，艺术开始强调直接经验，即从集体回到个人。但是个人总不是孤立的个人,他离不开社会关系,牵缠于历史文化,会归于现实。劳赫就在这个氛围里不停寻找,比如莱比锡的地方性的宗教文化。那种神秘或者通灵的东西,我称之为"艺术复魅"。但是,这种东西跟他掌握的社会主义现实主义的那种大结构或者说整体的形式是不匹配的,语言符号也不匹配。把它们结合到一起,是一件特别矛盾的事。劳赫就有这个本事,他就表达这种不匹配,把不匹配做成一个新结构,就要矛盾的东西,让它们形成紧张。这里有个困难,就是矛盾的东西容易互相抵消。但这同时是个机会,就是矛盾的东西会互相滋长,放在一起会彼此生成。所以,"矛盾"这个东西今天看起来还特别重要,如果没有矛盾了,或者矛盾完全协调了,艺术的创造力可能也就不着调了。所有的东西都一致,一个理念一张脸,协调成了一个模套,自然生发的东西就没有了。自然生发出来的东西,难免就是不协调的:有许多矛盾,但生机勃勃。马克思、尼采、海德格尔,这三家得有多少矛盾?周兴恰恰就把这种矛盾的东西弄到一起去了,却避免了它们相互抵消,转而使之生成,带来新的激荡。这是我挺敬佩他的地方。谢谢!

李凯生(中国美术学院建筑学院教授):非常荣幸受到孙周兴老师的邀请,能够参与这样一个高规格的跨界研讨会,跟师长一辈的学人共同探讨和分享他这本书对我们的冲击和影响。

个人对哲学的关注,源自大学本科后期对现象学翻译文本的接触,当然主要是围绕《存在与时间》所开展的海德格尔早期译介话语和文本。从那个时候开始,我一直都在阅读孙周兴老师和倪梁康老师的翻译和讲解。我是学城市和建筑学专业的,导师是中国工程院院士戴复东。作为一个标准的传统建筑学者,他一直讲看不懂我那篇以现象学为核心话语的学位论文,又觉得论文讨论的理论问题值得深究,便要求论文答辩的时候,一定要找国内相关领域的代表性专家来担任答辩委员会主席。我因此联系到了孙周兴老师。当时孙老师正好在德国访学,就推荐了他的师兄倪梁康。此后,我与孙周兴老师结缘,通过他的帮助进一步走入现象学的深处。这也导致在我对现象学文本的研学中,一直回荡着某种绍兴普通话的口音(孙老师的地方话痕迹)。

今天我们面前的这本书给我的强烈感觉是,孙周兴老师已经抵达这样一个阶段:已经开始从哲学译介的话语系统中跳脱出来,进入西方思想的底层,并把视野推进到东、西方所共同面对的未来性思考。虽然这里面仍然回荡着某种绍兴普通话的口音,但是它给人非常真实的感受。口音的存在,提醒我们什么才是哲学问题的真实场景。真正的哲学讨论,恰恰不是基于抽象术语——哲学活动专业技术架构的话语状态——的讨论,而是基于它所引发讨论的东西本身的处身性。哲学活动可能源自一个没有具体性、没有感知基础的普遍发问者吗?

我个人的学术历程是,从城市到建筑,再到园林,后来扩展到现代艺术和艺术哲学。我因为从同济大学去了中国美术学院教书,艺术也就变成了我必然会触及的话题。我发现,艺术哲学的问题,是与我们一直在思考、实际在触碰的世界真相高度关联在一起的。孙老师最近在书里不断谈到时间和空间的问题,这实际上是一个在建筑学里一再被悬置的基础话题。对于他对线性时间的批判、对圆性时间的引入、对抽象空间的批判,以及他讲空间是实务性的,我个人是非常认同的。有关它们的讨论与空间的实际现象和生产操作深刻地关联在一起。建筑学是一门典型的操持空间的学科。记得在建筑学界和现象学界第一次开会的时候，我当时操着极其不熟悉的哲学语言写了一篇论文，讨论时间与空间的互换问题。我当时的研究是凭着实际设计经验，直觉地发现有很多时间经验引发了空间事实的发生，而空间经验又反过来操控着时间事实的缘起，时间和空间是高度关联在一起的。我当时把这种现象命名为"互换"——它们可以源生对方、发起对方。时与空的"之间"环节，其实是时—空话语的核心机制。如果我们把时间和空间各自分开来看（正如哲学史上的传统讨论范式），就会碰到康德所说的先验直观形式，这本质上还是一个传统的、形而上学式的"形式"概念，无法触及时—空的机制层面。用"形式"概念讨论时间和空间的问题，我认为，是哲学和建筑学的一个共同的误区。哪怕是圆性时间也触碰不到真正意义上的时间和空间经验。这是我当时的直觉判断。

在西方的观念里，广义建筑学的一个根本任务是：现实世界是通过建筑学和城市学（也包括景观学）被给出（生产或制造）的。今天的生活世界，是什么赋予了它实际的形式、空间、架构、形态和美学？世界的创建需要借助空间这个端口。建筑学如果不思考哲学，或者不思考空间世界的基础问题，就根本无法面对这个任务。所谓"时空互换机制"到底是什么？我们从哲学和技术上可以讨论它们的形式之间的互动，但支持它们的基础是什么？什么导致时间可以变成空间，空间又可以演变回时间？这二者共同的撑开构成了什么东西的运作？如果二者的共属一体才可能导致可以被分化的时间和空间，那么在其基础中统一的东西到底是什么？我认为，这就是海德格尔所说的组合架构词"时间—游戏—空间"的含义，而这将成为建筑学和哲学以后共同的工作。

在我们的存在经验中，除了直接的物质性、呈现性和实体的一面，当然还有另外一种更为广大的、无边无际的、彻底包容性的经验，就是对"无"的感知。作为一种基本经验，我们能够非常真切地感知到它的存在。怎么理解它是什么？怎么理解它对于我们对物的经验的奠基？在现代科学的视野中，物质有很多面向，物质和非物质、反物质关系如何？现实中，有很多超出显现性的非物质和非实体，它们与"无"的关系如何？无的东西，就是不存在的吗？难道说它"不存在"，它就是没有意义的吗？这也是孙老师这本书对我们有所启发的地方。

在后期尼采和后期海德格尔那里，某种"积极的虚无主义"的幽灵话题隐隐作响。这是一种特殊的启示吗？

关于人的问题、"人类世"概念。人的思想和存在，今天可以影响到自然界和地球的形态。以前人类是生态化的、非常不起眼的小小物种，但是现在要主导地球，要主导这个星球。这样就会出现一个问题：人自身的尊严（人以其自身为标准），其根据是来自人的自我的知识定义、神学定义，还是来自人所积累的自然性和世界性？"人类"难道是一种意识形态、一个形而上学的概念吗？不是，人性不是不可打开的东西。人的尊严到底从何而来？这是一个大问题，非常值得深究。没有谁能够证明，人一定本有、要有、会有、必有存在的尊严。今天我们到了人类世阶段，这个问题一定要重新得到正面的思考。人性本身的合法性，它本身的根基，就是一个很大的问题，何况我们今天还试图把它作为新技术世界的标准推广出去！

人最终还是脱离不了某种更高的东西。是否正是那个东西真正赋予了人所谓的"尊严"？

我也非常认同刚才吴教授所讲的，孙老师的思想脉络属于德国思想从马克思直到尼采的近现代谱系，最终一直到达后期海德格尔的总结性思想。我觉得，这条线索梳理得非常精准。这条思想脉络的价值，在今天可以帮助我们深刻地思考我们今天面临的技术局面。不管我们是悲观的还是乐观的，它现在明显是一场危机。在这场危机中采取什么样的态度，可能既是对哲学家也是对我们处在实际技术行业中的人来说很重要的话题。前不久，我搭线帮助建立了中国美术学院和张江实验室的战略合作，希望从艺术和科技方面构建一种总体性思考。讨论的核心话题是：在人工智能的条件下，艺术如何参与对未来社会和未来空间形式的创建和构想？或者反过来说，人工智能时代对艺术活动本身提出的挑战到底是什么？艺术又需要做出怎样的应对和改变？

还有有关伦理的问题。如果从社会建构的角度讲，伦理很像是一种社会工程学。传统伦理很像一种在自然条件下对社会的技术工程化的架构，即从人对社会生态的归属天性中理解社会是什么；从这个角度出发，再来进一步理解政治学可能是什么。政治学也许可以被理解为一种人工化（人文化）的伦理架构设计，用政治的逻辑、政治的语言演绎社会工程学的概念——社会的构建问题。一切政治性的东西不就是某种人群工程学的概念吗？让社会"结体"，产生稳定的结构关系，这一点是今天的讨论对我启发很大的地方。社会技术的概念帮助我们从技术角度理解了什么是政治学、什么是伦理学、什么是社会科学和技术科学的交集和同一性。

技术社会也许不是技术突然成为某种特殊社会类型的主导形式的社会；而是说，社会活动到头来不过就是一种政治技术，技术的本质就是社会的政治活动本身。当然，这里的"技术"已经是非常广义的概念了——它需要在总是要"把什么做成什么"的问题下得到理解。历史哲学和艺术哲学，作为以"历史"和"艺术"作为其基础概念的哲学话语,并未脱离深刻的形而上学基础,仍然是传统哲学。而真正的未来哲学应该转变为一种如海德格尔所言由"另一开端"所奠基的哲学、以无尽的"问"为导向的哲学。它不是有关未来的哲学,而是哲学的有关尚未到来者的"问"之本身!

陆兴华(同济大学人文学院教授):首先感谢商务印书馆给孙周兴教授的新书办这样的活动,感激各位前辈今天的到场。今天我们要来讨论的哲学在人类世中的问题,我认为也是与人类世的出版问题一体的。我感到,出版、大学和哲学三者是叠加的。

哲学也不是几本书和几句话的问题,它首先是一群人构成的团体,是关于某一个"我们"的。商务印书馆出版从小学一年级教辅到大学教授的专著,这是一份哲学的工作。法国的经验是,在1820年左右,他们发现学者和小学生的书本市场是重叠的,编辑和出版过程早就规定了什么样的人来买,而且是有家长和学生来支持的。这是总体性的工作,这是在生物圈内做出版。这个就涉及我今天要说的贡献式出版。

哲学是由某一个时代的一群人形成的团体。哲学就是"我们"。这个能够说"我们"的我们(斯蒂格勒语),就是我们这个时代的哲学。书架上的哲学只是像健身器材那样的东西。

而出版社是大学的器官。从小学一年级的教辅到大学教授的专著,这是一个有机的知识整体。出版社是它的变压器。出版社要负责从小学一年级教辅到大学教授的专著之间的全部,所以它应该来导演、策展这个时代的全部新知识。人类世出版应该是对于当代知识、思想、哲学、艺术、科学、政治的策展。

为此,我们应该提倡贡献式出版。所谓"贡献式出版",是指我们应该立足生物圈、全大地、全行星的本地的知识生产，使每一个人都通过出版机构来同时汲取自己的新知识，也将自己的新知识展示出来。贡献者是指那些能实时理解如何从本地知识出发去发明新的生活方式、主动成为宇宙内的逆熵力量的人和群体。

贡献式出版还具体地强调了出版机构在导演和策展本时代的新知识时所应承担的对于生物圈的总体责任。在1820年左右的法国，人们发现，大学专著和小学教辅的市场最终是重叠的。编辑和出版学术研究著作的过程早就在规定什么样的人来买什么样的教科书了，书店里应该是学术书和教辅书各占一半。出版社同时发动了研究者、家长、学生。出版社接通了大学教授的研究著作和小学生的读物。

在贡献式出版的眼光下，出版社的工作就不再是将读者的阅读劳动变成市场行为，变成产生剩余价值的手段，而是用自己的策展式出版，使尽量多的人成为生物圈内的贡献者。

出版社的职责因此在人类世已完全变了。这也就是我今天说的贡献式出版的要义。今天，出版社不只是在网上和市场里兜售书籍了，而是必须动员全社会跟你一起去做新的事业，包括动员大学里的人也跟你一起做，动员多方面来做共同的事业。出版是跟在这些新事业后面的。

出版社不光要将书卖给读者，而且还应该启发全国人民开始去搞各种新的事业，所出版的内容是由被动员的全国人民的新事业来决定的。这要求出版机构拿出真正的思想性、示范性和前瞻性。哲学或人类世哲学在这个意义上才帮得了出版社。在贡献者构成的逆熵经济中，出版社、大学和哲学三者的功能是叠加的。

我还想回应一下今天会议的主题，就是"转向"的问题。到底有没有转向、转向哪里？人类世要不要转向？我个人认为不需要转向。我也研究技术哲学。我认为，在算法的内容里，我们的哲学早就被放进去了。如果转的话，就在算法里面转。什么叫算法？就是用动词控制名词、副词、形容词。多可怕啊！它们没有用胡塞尔的先验逻辑，算法已经把哲学全部吞下去了。哲学本身是门技术，但是现在哲学已经被算法化了，我们现在的研究和力量都被算法偷去了。如果要转的话，哲学的潜能剩下哪些？难道哲学还有意义吗？刚才我讲商务印书馆未来使命的问题，大学的哲学教学也一样成问题了。哲学教学的转向问题到底怎么办？大学教学怎么可以这样下去呢？是否可以通过其他社会机构来改变它的教学方法？这是一个很大的问题。如果有这种转向的话，我觉得这会是一种很可怕的转向。

周兴的书里大量地讨论了是不是都转向艺术、技术的问题。哲学作为传统人文科学的一部分，可能它本身需要成为一种工程技术那样的东西，能够把艺术、技术、政治等很多人类传统的方法都带进来。这是非常慷慨的邀请了。如果仅仅停留在哲学这个角度，就显得有点僵化和自大。把这个场地打开；如果自己不会，那就邀请人家过来，或者我们合作。抖音就是算法艺术的成果，非常可怕。如果抖音面前还有什么当代艺术的话，当代艺术操作一些抖音里面的图像，其中能够拿出来的能力、能够压倒抖音图像的能力，我认为才是艺术。仅仅是做个视频，像李子柒那样的东西，是没有魅力的。

我提出了若干转向，都是带问号的。这部分工作做起来很难，个人也感觉任重道远。商务印书馆需要担当重要的角色，因为要把出版的方向展示给全国人民看，不光卖书给读者，而是要启发全国人民，启发自我教育。作为中国重要的出版机构，示范性、前瞻性特别重要。像周兴写的《人类世的哲学》一样，出版物本身要带有这个信息，要启发大家思考：面对人类世，我们应该怎么办？

倪梁康（浙江大学哲学系教授）：我实际上只想做一个判题，"人类世的哲学"。首先，这个"人类世"很容易理解，因为他是学地质出身，这个根在这里。这是没问题的。但是，为什么不用"未来哲学"？周兴的书里和他的整个思路里都有一种张力，也不叫矛盾。这种张力好像是在海德格尔和尼采之间的张力，事实上也是他们两人自身含有的张力。他们两人都讲过去哲学，也都讲未来哲学。这里的张力主要是指在他们理解的过去与未来之间的张力。

周兴强调的是未来哲学。他在书里面写了不下四次，"未来是哲思的准星"。什么叫"准星"？你可以说未来是哲学的方向，但准星要求你瞄得准。未来能瞄得准吗？这里有一种命运论和决定论的对立。我觉得，历史决定论已经被波普尔反驳掉了，因为我们不知道未来科学发展往哪一个方向走。我认为，至少要对"准星"这个词有所交代。本书前言讲到了"准星"，但是在很多地方，至少我没有看清楚"准星"究竟是什么意思：未来哲学究竟是遇见未来还是批判未来，抑或构造未来？从他的书里看，至少我觉得构造未来的意向并不是太强。

我觉得，他已经开始梳理这些年的研究成果，梳理出了一个大致的思路（还没有细化，还没有系统），但是章法已经有了。

尼采和海德格尔这两个人之间的张力太强，特别是海德格尔。我甚至认为，周兴是在解构海德格尔。这就涉及标题中的第二个概念：哲学。这个概念的提出也有问题。海德格尔就说，哲学已经终结了，干吗还提哲学？海德格尔说要思，但也没有把这个思贯彻到底的手段。他后来区分了"思义之思"和"算计之思"。他认为，要抛弃掉自古希腊以来就有的"算计之思"。周兴把"思义之思"翻译成"沉思之思"。"人类世的哲学"属于什么样的"思"？我们要回到它最古老的意思上加深对智慧的追求？或是给它一种新解法，可以说它是对未来新的人工智能智慧的追求？

另外，讲到命运还是决定，我认为二者应该是有内在联系的。但是一般来说，我们所讲的决定论和命运论的联系主要在于，决定论主张命运是被预先决定的，是没有办法改变的。比如，马克思的理论是某种意义上的决定论，而波普尔批评马克思意义上的决定论。波普尔认为，生产力、生产关系的决定因素会因为科技的疾速发展而变得变幻莫测，因而无法预测未来。命运论的典型代表是古希腊的希罗多德和修昔底德。他们一个说命运是在主体外，一个说命运是在主体内，两人形成了对立。如果周兴要把未来哲学开始理解为一种历史哲学或者一种新形态的历史哲学的话，应当也要面对这些问题。但他可能并不认为，未来哲学是历史哲学的一种。所以，我在这里说的是自己的猜想，而不一定是他的意向。

谢谢大家！

庞学铨（浙江大学哲学系教授）：谢谢商务印书馆的邀请，使我能够有机会参加这个座谈会，聆听各位专家的高论，也借此机会说一点阅读周兴教授的新作《人类世的哲学》的感受。

周兴兄这本新作出版后，我便拿到了他的赠书。因为我一直对关于未来哲学的问题感兴趣，所以读得比较仔细。对书中阐述的基本观点，我是比较赞成的。我想了想，简要说下面四点读后感吧。

第一，周兴兄提出，哲学人文科学应该面对当代的技术、社会，应该有自己的独特思考，我很赞成这一观点。他在书中比较冷静、客观地分析了当代技术对于人类生命、社会治理所产生的影响。按照他的说法，这种影响很深刻、很广泛，是全面性的。这是对当代技术与人类生命、人类社会之关系的基本评价。在明确了这个基本评价尺度的基础上，本书前瞻性地思考和讨论了哲学人文科学面对这种影响所应该持有的一种态度，这就是要实现新的哲学转向。对于这种态度和这个命题，我是很赞成的。近年来，我也一直在思考这个问题，也做过探索性的尝试，主张哲学要面向生活世界，回到生活世界，重视研究生活哲学。为此，我在浙大建立休闲学的硕、博士学科点，希望从生活哲学的视野来构建休闲学。秉持着这样的态度，周兴在书中提出了许多值得我们认真思考的、颇有新意的概念和观点。比如，他认为，现代技术成了人类最大的福祉，也成了最大的灾难和危险；当下人类已经进入心、身两方面的非自然化，人类的生命形态、生命本性、生命结构和生命意义都需要被重新定义、重新规划。这都是很重要的观点。总体上，我也是赞成这些观点的。本书描述了当代文化的特征：从名词化转向动词化，从书写文化转向图像文化、说唱文化。这些都是新的概念，都是新的思考，搞传媒的也在思考这些东西。本书给出了这些概念的哲学上的方向，我认为很有未来哲学的意味。本书力图突破技术乐观主义和技术悲观主义这种线性的思维，在很大程度上展开和实现了一种技术哲学和自然哲学的平衡。现代外国哲学家的一些有关技术哲学的判断和观点，我感觉确实有点悲观，不能盲目地跟随和赞成，而要在乐观主义和悲观主义之间寻找平衡点，形成一种平衡。不能因为乐观了，我们的思想就麻木了，或者因为悲观的观点而感到人类生命和社会就没有出路了。在这二者间找到一个平衡点，开辟出一条恰当的出路，这个思想和观点我是完全赞成的。

第二，在本书中，周兴还提出，人文科学必须把应对新生活实践经验的冲击看作自己的任务，并就这个任务展开比较宏大的叙事。他所提出的观点和见解大多比较宏观、宏大，许多观点很新颖，颇具前瞻性，确实是作者自己深入思考的结果。而且，对未来哲学指向之可能性的预见，以及未来哲学的转向问题，本书做了比较系统的阐述。尽管有些命题、有些阐述的内容尚有待商讨和深化，但其所论及的思想和观点是有重要的学术意义和理论价值的。希望和期待本书引起国内哲学界的关注和讨论，通过讨论，进一步推动未来哲学的研究和理论建构。

另外，对于作者在书中提出的三个观点，我认为很有意义，也完全赞成。第一个观点是实现当代哲学的新转向。这是这本书很重要的理论支撑点。从哲学研究的主题和重点来看，西方哲学从古代到现代经过了四次转向：第一次是古代本体论的转向，第二次是近代认识论的转向，第三次是现代语言哲学的转向，第四次是当代实践哲学的转向。从当代德国哲学的发展看，实践哲学的转向是在1969年第九届德国哲学大会上被提出的，会后又有关于实践哲学的专题讨论，并且提出了"实践哲学复兴"这个概念和口号，从而形成了当代德国实践哲学的复兴与繁荣，也推进了哲学对生活世界的研究和结合。上面讲的四种转向都是主题的转向，是重点的转向。周兴兄在本书中提出的转向不仅仅是重点和主题的转向，更是一种理论的转向、理论形态的转向，甚至可以说是哲学的全面的转向。这是在当代技术和社会发展新条件下应该思考的问题。第二个观点是重建社会生活世界的观念，周兴并且围绕这种观念做相对系统的四点思考。我是基本赞成这些观念和思考的，这里不具体赘述。作者提出一个重要的判断：现在已经从自然人类社会经验转向技术人类社会经验了。这个判断是基于对当下技术对人类生命和生活的全面介入和重构的现实提出的,是面向未来的观点。重建社会经验世界这个观点,我认为很重要,是构建未来世界的一个基础。第三个观点是未来哲学的可能形态,这是周兴兄自己所理解的未来哲学的可能形态:第一个是技术哲学、生命哲学、艺术哲学的和谐;第二个是新生命规定和规划的任务;第三个是艺术哲学;第四个是提升全球政治的共商机制。上面这些观点表明,面对当代社会—技术—人的一体化现实,人文科学不能回避,要认真面对,要着眼于思考未来哲学的可能形态、可能路径。对于以上所梳理的书中的内容,一方面,我表示基本赞成的态度;另一方面,我也呼吁学界关注这些问题、讨论这些问题,以增进当代哲学研究与重大社会—技术和人类命运问题的密切关系。

第三,我觉得书中有两个问题值得讨论,我也不完全赞同作者的相关说法。一是,当代技术的高度发展对人的生存、生命的影响,究竟严重到了什么程度?换言之,当前人类总体处于什么样的状态?周兴认为,目前人类由于技术的介入和改造,已经进入非自然化的状态了,人类已经成了非自然的技术的人类,生活经验已经是技术人类的生活经验了。我个人觉得,这个总体判断值得研究。是不是有点极端化了?从目前的实际情况来看,从人工智能的发展水平来看,以及从人工智能包括当代技术面对的不同阶层和全体人类来看,当代人类处于现代技术的集置之中,这一点没问题。但是,人类目前并未因此而完全去自然化,并未完全技术化而成了非自然人。有些人可能被完全技术化了,但很多人还没有被技术化。当然,从长远、从未来看,这种人类的非自然化、技术化是一个趋势,或许在不久的将来会成为完全的现实。但说人类目前已成了非自然化的人类，恐怕说得有点早了。同时，人与技术具有相关性，不论技术如何发展，最终技术还是由人拥有和操控，所以人和技术的关系还是相辅相成的——并不是人完全被动地受技术的支配，人完全成了非自然的技术的人。这个问题值得探讨，这也是我自己没搞清楚的问题。

二是，未来哲学的根本任务是什么？如果人类目前并未完全非自然化和技术化，那么，未来哲学面对的是没有完全非自然化、技术化的人类。在人类与技术的这种矛盾中，未来哲学要寻找一个平衡点；在自然人类和非自然人类或者在人类和技术的对立统一中，未来哲学要寻找一个平衡点；在人类整体上处于技术集置之下的情形中，未来哲学要找到一种个体自由和技术集置的动态平衡。假如未来哲学面临的是这样的任务，那么，对于未来哲学的可能性就会有另外一种思考：未来哲学总体上应该是多元的，其主体首先是实践哲学。实践哲学首先和主要包含两方面的内容：技术伦理和社会伦理。这两种伦理要寻找个体自由与技术对人的集置之间的平衡，这也是未来的伦理学要解决的问题及可能会发挥的功能。当然，未来的伦理学不同于现在通常说的伦理学，它是以伦理为核心来协调技术集置和个体自由之间的关系的。其次是政治哲学。我也赞成全球治理，全球政治肯定也会面临这个问题。无论是全球化也好，还是技术全球统治也好，它们都与政治哲学相关。我觉得，未来哲学将为实践哲学和政治哲学的发展提供广阔的空间和场景。再次是周兴兄在书中讲到的生命/生活哲学。生命/生活哲学是未来哲学的重要内容，它探讨生命的本性、生命的意义等，要重建日常生活经验，要寻找个体生存和生命活动的新方式，要在技术与人的生命自由之间找到一种平衡。这实际上是生存哲学的方向。

第四，要深入探讨哲学人文科学的方法论。对此，书中提到了，但没有展开。这个问题确实比较难。所谓的自然科学的研究方法都是特殊的，人文科学的研究方法到底是什么？未来哲学的研究方法应该是什么？这些问题值得探讨。如果能确定未来哲学应该拥有的特殊方法，未来哲学的可能性和形态也许更能获得坚实的基础。

以上发言表达了我的一个观点：周兴兄做了一件很了不起的事，值得引起关注和重视，值得进一步讨论和推进。谢谢各位！

王鸿生（同济大学人文学院教授）：感谢商务印书馆邀请，也感谢各位的高见。20世纪90年代早期，在广州饶芃子先生召集的会上，我第一次跟周兴相见。我那时40岁出头，周兴就更年轻了，小伙子一个。一晃30年过去，看着他做了那么多事情，大开大合，举重若轻，我非常钦佩，一直觉得他是个精力旺盛又特别智慧的人。他的思考走到今天，拿出这样一部书，我是惊喜的。从朋友角度来讲，他还让我有点意外，就是把马克思放进去，专门写了一章，并不是机会主义的弄法，字里行间是真诚的。一个尼采、海德格尔专家，长期浸淫于现象学，现在重新重视起马克思，这意味着什么？真是一件耐人寻味的事情。周兴明确意识到，要推进对20世纪以来人类走向的批判、反思，必须打通马克思、尼采、海德格尔。我以为，他的这个坐标系找得很准。

周兴的这本书发出了一个重大信号，这一信号不仅仅是针对哲学界的，也是针对整个人文社会科学界的。关于研究范式的根本性转型，周兴提出了一种新想法。这一想法甚至有了一些具体的方案，挑战性非常强，是属于砸饭碗的，要砸很多人的饭碗。人文社会科学以往习惯的路数、问题域、知识传统好像要遭遇颠覆性变革了。

就像尼采说，"上帝死了，你们居然不知道"，孙周兴说，"自然描述系统都失效了，你们怎么还不知道"。于是，他四处奔走做报告，屡屡发出警示。他所发出的这样一个信号，自然是有重要意义的，因为他有自己的西学积累，有对时代变迁的特殊敏感。我对他的不少看法、概括也是有信赖度的。完整地读完这本书，了解了他所思所想的由来，我的确很受启发。

当然，越对什么人、什么事情、什么学说感兴趣，也就越容易受到相关对象的刺激、牵制，这真是一件没办法的事情。这本书的内在张力很大，值得探讨的矛盾点也不少。比如，他心里边坚决反对复古倾向，甚至对古典学也产生反感，本来可以展开一个对话空间，但在建构自己的理论时，他却又会自觉不自觉地陷入某种因对手牵制而形成的困境。具体而言，不妨看一下这本书论及圆性时间意识的那一部分。本书致力于打破线性时间观，在学理上当然没有问题，但圆性时间意识不是另一种线性时间观吗？只不过直线换成了曲线，还是从尼采那个"永恒轮回"概念来的。显然，力图超越的"圆性时间"仍是不够超越的。爱因斯坦讲"时间是个幻象"，巴赫金讲"时空体"，本雅明把时间理解成"星丛"关系，这些似乎都比"圆性时间"能带来更多、更深入的启示。如果一意在尼采思想的延长线上做范式转型，在极致上面再极致下去，是否会构成某种认知的死结？希望我的担心是多余的。

这本书开启的问题域宏阔而紧迫，提供的危机回应方案也是具体而饶有新意的。但我并不觉得满足，有待商榷的地方还挺关键。按本书的论述，未来哲学的转向奠基于实存哲学，目标落在艺术和个体自由上。这是周兴教授的定向，他的思考已有一段较长的时间了。那么我就要问一个问题：艺术和个体自由足以应对他所意识到的人的类危机吗？这次疫情让我看到了一种令人吃惊的反应，就是欧美的反社交管制游行中有人喊出：我有没有死的自由？！这个问题很哲学，也让我寻思良久。在传染性疫病大流行时，一个中国人大约不会提出这样的问题。即便有人这样想，大概率也会碰到这样的回答：你有找死的自由，但你没有让别人一起死的自由。疫情提示我们，如果要考虑未来哲学、考虑自然人类和技术人类的平衡，其基本前提是物种的自我保存，而物种的自我保存则是依赖共同体的。把哲学转向的关节点落在个体自由和艺术上，是否充分、可行？我觉得这是一个值得深入的话题；并且认为，实存哲学的奠基不应该回避"共同体"这样一个概念及其论域。最近，我带的一个文艺美学博士生，文学出身，却做了一篇完全属于政治哲学、社会学范畴的毕业论文。她把近代以来西方的共同体理论梳理了一遍，从道德与法这两个维度入手，做了些批判性分析。这个工作当然还很初步，也没有完全达到我们的预期，但在讨论的过程中，她的一些研究却给我不少启发。做"共同体"这个课题，是入学时我就布置给她的。当时我已意识到，这里面的确有新思维的空间。

其实，我们的感觉、情感、想象力等一切跟艺术创造有关的东西并不是一片处女地，更不是可以摆脱社会化过程的纯个人心灵领域。20世纪80年代以来，从美学热、文艺心理学热、语言热、形式热一直发展到文化研究热，我们已经认识到，感觉、情感、想象力等都是可以被规训、被技术化的。我们现在必须要面对这样一个问题，即技术逻辑正在政治化和社会化，它的支配性力量远远超出我们的想象。所以，周兴这本书的主题虽然宏大，他提供的这个思想框架虽然很重要，但最后落在个体自由和艺术这个维度上，企望对当代世界的困境做出某种总体性回应，我总觉得是孱弱的、不那么充分的。

　　至少应该补充几个维度,并将它们结合起来思考。第一个是政治伦理维度。按照马克斯·舍勒的说法,竞争伦理构成了现代社会的主控伦理。竞争什么?速度和效率。这都是技术演进的结果。要打破这一套东西,单靠艺术和个人的自由创造,而没有一场价值革命、政治伦理革命,是完全不可想象的。第二个维度周兴自己也意识到了,即生命、生态观念的根本性改变。从种性保存的角度来理解、保护个体自由,我们至少应跳出启蒙主义、主体论的窠臼,把生物多样性、非人类中心主义等思想落实下来。生态学所讲的生物多样性,其实就是保留沼泽地,使各种有机物、微生物有存在与耦合的可能,这也是给人类未来的演化留下空间、余地。这个东西不能说是实的,但也不是空的,而是有种种征兆。周兴很关注生命、生态这个视野,可惜这本书没有很好地体现,未免让人有点遗憾。第三个维度是关于重建生活世界的。这是本书力图倡导的一个方向。把当代艺术的使命纳入生活世界的重建,这是我特别能接受的。但要让艺术承担起这个使命,需要强调的恰恰是艺术介入历史的行动性,是艺术对共同体命运的理解和构想。也许,把这几个方面的思考结合起来,可能还有另外一些方面也要参与进去,才有可能构成一个总体性回应,才能够回答他自己提出的问题。我不赞成把这样一个题域限制在哲学或艺术本身之内,因为它要跳出的正是这个东西。用一套已构成困境的资源来回应困境,大概是解决不了既有难题的。

夏开丰(同济大学人文学院副教授):因为我在过去几年里跟孙老师相处比较多一点,书中不少观点经常会听孙老师说。现在这些观点放在书中，其语境也清晰了起来，我也终于明白了孙老师想表达什么、这些话意味着什么。

我最近在阅读这本书，也在想从哪个角度切入来谈谈这本书。恰巧前两天，我在微信上看到了一篇尚杰老师对孙老师的回应文章，提到了所谓的"宏观哲学"和"微观哲学"。通俗一点讲，前者大概就是"照着讲"的意思，后者可以被理解为"接着讲"。孙老师之前的著作更多的是"照着讲"的，他对尼采、海德格尔下了很大的功夫。把他们的学说解释清楚，这当然是不可或缺的哲学史工作。现在的这本书应该说更多的是一种"接着讲"，前面有几位老师的发言也已经指出了这一点，孙老师在书中提出了一些自己的主张。但很明显，孙老师是接着尼采、海德格尔继续在讲，与他们一起思考；或者更准确地说，他再次把尼采、海德格尔带到今天的语境中，对当下的问题做出一个回应。"人类世"的问题在尼采和海德格尔的哲学中已经暗含着或者说已经发端，却还没有深入展开。孙老师所做的事情就是在这个点上接着讲，并且从中形成了自己的理论思考。所以，我在看书的时候就有这样一种强烈的感觉：孙老师从尼采和海德格尔开始，一路高歌猛进，到了《末人、超人与未来人》这一章的时候，推向了一个高潮。这篇文章仿佛是孙老师在酒神状态下写成的，里面充满了激情，也非常精彩，而且有着非常有价值的洞见。

在这里，我还想谈谈尚杰老师的文章里没有触及的一个问题：对于"接着讲"来说非常重要的一个问题是，后面究竟还有没有人再接着讲。我们现在有很庞大的西学研究的队伍，但我也一直怀疑我们究竟有没有真正意义上的西学？所谓"西学"，其重点可能并不在于"西"字，而在于是否在中国的语境中形成了自己的脉络和系统。遗憾的是，就我所见，中国大部分做西学的学者可能对西方的学术脉络了如指掌，但是对中国学界前辈和同行所做的研究却所知甚少，甚至置若罔闻。我看到，很多著作只是在研究综述里礼貌性地提到了前辈，但在实际写作中却很少引用前辈的著作、与学界前辈进行对话。因此，我们看到的一个结果就是，我们的西方研究进行了100多年，却没有形成过真正意义上的西学。每个学者都想绕开前辈们重新来过，国内同行之间的对话从来没有真正建立起来过。我对此感到非常惋惜。反观西方汉学界，他们人数不多，但是力量很大，甚至已经开始反过来支配国内学界的话语权了。比如美国汉学家安乐哲。现在搞中国哲学的人，如果能得到安乐哲的肯定，肯定会觉得这是件很荣耀的事吧。

提起安乐哲，我主要是想说一下孙老师著作中容易被忽视的一个维度。我们知道，孙老师很少关注中国古代哲学，他甚至很反感复古。但是有趣的是，这本书里面讲的很多东西恰好跟中国古代哲学是很相应的。比如，"关联思维"由葛兰言、李约瑟提出，到安乐哲那里得到进一步发挥。而孙老师所说的圆性时间、未来哲学、未来时间等，都是跟关联思维有很大关系的。尤其是孙老师反复探讨的"kairos"这个希腊语概念，它的意思是"瞬间、时机"。我们对这个概念并不陌生，它的意思其实接近于我们古代的"几"字。安乐哲曾经批判过牟宗三先生，他很难理解牟宗三为什么还要去强调一种超越的哲学，而这种哲学在西方早就已经被推翻了、过时了。安乐哲指出，中国有一个很重要的概念，就是"几"，它既在时间之外又在时间之中，他认为这个概念在西方思想中是没有的。但其实，"kairos"表达的就是这样的意思。孙老师在古希腊思想中找到的这个概念，包括他所说的圆性时间，与中国古代思想形成了某种呼应，虽然孙老师并不是有意为之。

最后，我想谈谈艺术的问题。孙老师讲到，未来哲学中一个很重要的部分就是艺术，甚至说未来哲学就是未来艺术或者艺术哲学。他提出两个概念："事件"和"抵抗"。这两个概念其实都和先锋派有关联。孙老师的理论来源主要是阿多诺，认为艺术具有自主性的地位，起到了抵抗的作用。有很多学者也在谈这个问题。比如，德勒兹谈到"抵抗"概念，谈到在一个控制社会里如何去进行一种抵抗。后来，斯蒂格勒批评了德勒兹，认为只是抵抗还不够，我们还需要发明或创造，这样才能够应对超工业社会中的无产阶级化过程。阿甘本在他最近的一本著作中也谈到了抵抗的问题。他的思路跟斯蒂格勒不一样，他把抵抗和"不创造"（decreation）联系起来，因为人的潜能不仅包括某人能够去做某事的能力，也包括能够不去做某事的能力，而抵抗就是"能够不"的潜能。这个思想，其实尼采早就讲过了。尼采在讲艺术的时候说，艺术最重要的特点是能够不能。尼采还在《道德的谱系》中批判过康德，因为康德的"审美"概念主要是从观众欣赏的角度来说的，它失去的其实就是创造，是艺术家的经验。所以我们大概也能体会到，孙老师为什么要强调"创造"这个概念？今天的艺术研究普遍地是从图像的角度来探讨，已经很少有人从艺术家的经验出发来谈了。斯蒂格勒为什么要复活艺术的"业余爱好者"概念，因为业余爱好者就是通过模仿艺术家的作品而介入艺术创作之中，从而变得更加爱艺术的。这种经验是很难被一个观者的经验替代的。我们需要创造，但这是艺术家的经验。谢谢大家！

杨振宇（中国美术学院人文学院教授）：孙周兴老师的《人类世的哲学》比较独特，是由一系列讲座集结修订而成的一本书。对于曾经错过听孙老师讲座机会的人而言，这应该是最好的弥补。虽然书中所涉主题偶尔会有些重复，但常有一咏三叹的互文之妙。在我看来，从《未来哲学序曲》开始，孙老师就进入了一个新的哲思阶段。此书则是这一阶段的深化。

昨天，我在杭州刚刚组织了一个关于文艺复兴的论坛。论坛主题为"重生与遗存"（Revival and Survival），这是阿比·瓦尔堡格外关注的一个主题。我在论坛的主题致辞里说："在今天这样一个技术至上和全球疫情的双重背景之中，在控制与失控的悖论之中，更是具有特殊的意味。"今天应邀参加《人类世的哲学》新书发布会，我发现其中有着很多的对应。

在我看来，孙老师所说的未来之学虽然反对复古与怀旧，但这和文艺复兴的状态并不矛盾。文艺复兴从来不是一个简单的历史阶段，文艺复兴是我们人类一直就有的一种状态、一种运动。我们知道，瓦尔堡的艺术史研究采用图像、文献互证与互相激活的方法，去探索古典遗产对于意大利文艺复兴时期艺术家产生吸引力的内在原因。他认为，那些古典图式中保存着古典时代的"能量"，而文艺复兴时期的艺术家则通过将之移植于自己的创作中，进而创造出全新时代的作品。瓦尔堡意识到，任何时代都有类似的情况，只不过在文艺复兴时期，这种情况显得异常突出。

孙老师反对复古，但是不反对复兴，或者说他实际上是要求我们进行那种回到传统深处的创造性复兴。所以，他不断批评那种过于怀旧的文人趣味式的人文学者，批评那种怀乡的复辟式的人文思想。尼采在他的《历史的用途与滥用》小书中，也对我们对待历史的态度做了辨析。但是，孙周兴的未来哲学架构仍然试图建立于马克思、尼采、海德格尔的思想道路之上，并在新的科学、艺术、政治情境中发展出自己的思想。所以在我看来，二者并不矛盾。关键是，如何通过创造性的方式重新发明出我们的实存，从而渡过这一场危机。从这个角度来说，孙周兴是乐观的。

所以，未来之学永远是一种处理危机的学问，甚至是一种处理危机萌芽状态的学问。对于这一危机，孙周兴老师有一种自己的描述：从自然人状态到技术人状态的转换，四种集置性的技术（人工智能、生物技术、环境激素、核武核能）。它们被孙周兴老师描述为"致命风险"。而值得追问的是：艺术如何能够在这一危机中起到自己的作用？

记得海德格尔在塞尚的故乡说："在塞尚这里，有全部的哲学。"本书第45页这样描述："未来哲学是艺术哲学，是我们自然人类最后的抵抗。""抵抗"这个用语要再斟酌。或者说，这种抵抗其实是一种迎风向前，直至尼采式的新酒神出现？

新的酒神精神的大致状态是：世界是悲观的、悲剧的，而我却是积极的、创造的……所以，我们会处在新的世界当中，而且我们意识到这是一个新的阶段。我们如何在这个新的阶段重建生活世界的经验，尤其是感受力？尤其是，在这个技术不断强化对于感性的控制、对我们的感受力和生活世界经验进行种种切割的状态下，我们何为？人类既处于技术的单一控制下，又处于技术控制下的分化状态。面对这一新技术时代的危机，人类需要的是一种更新的整合。在这种情景里，艺术绝对不能只成为一种静态的审美对象，更不能是一种情调性的东西。尼采与瓦尔堡一样，都不把我们的历史与艺术观视为一种美学化了的呆滞状态。在尼采与瓦尔堡看来，文艺复兴盛期的艺术被认定参与了对文艺复兴早期心智生活中的紧张性的解决。

问题是：我们如何能够迎向新的技术与危机，而仍然能够泰然自若，仍然能活得好好的？这个问题构成了此书一个内在的思考架构。如此，艺术思想构成尼采思想的重要来源，或者说是与尼采的思想一体的。艺术向来是如此，一直在塑造人类未来的可能性上有着强力意志的紧张性。孙周兴老师也很擅长处理这种复杂的状态。本书第325页写道："一直要到19世纪后半叶，尼采完成了一种对传统人性观的颠倒和解构，揭示了人性本有的内在冲突和张力。"

同样的情况也发生在瓦尔堡身上，他在礼拜堂的基督教象征和古典象征体系之间发现了一种紧张性。瓦尔堡在读到萨塞蒂用过的两句箴言时曾极力予以追溯。其中一句箴言暗示了勇敢的异教徒之自信：我能够（A mon pouvoir）——它出现在萨塞蒂所拥有的亚里士多德《伦理学》抄本的藏书签上；另一句暗示了对人类有限性的深刻认识：我从命（Mitia fata mihi）。"我能够"与"我从命"的二元紧张性并存于一个时间点，构成了我们对于自身的内在体认。

所以，孙周兴老师的这本"谈话录"，这一述而且著的未来哲学思想，对于我们这个学科分化严重、感受力不断被切割、感受力破碎处无物存在的时代，具有某种特殊的意义。他让我们每一位读者意识到自己身处人类的一个重大的过渡时期，并希望自己能够有所作为。在新的技术时代，"我能够"与"我从命"再次构成一种紧张的关系。此时，我们迫切需要召唤一种新的"超人意志"，也就是艺术性的创造力综合。

在我看来，此书是孙周兴老师翻译、阐释、著与述等一系列学术工作的综合。这跟他的名字"周兴"似乎有关：孙周兴老师有一种"综合建构"的能力，做人、做事、做学问似乎都是如此。这也是一种处理危机所需要的才能。在本书中，我们看到，孙老师的地质学理工背景终于浮现出来，他的海德格尔研究、最近10年里的尼采研究都在本书中涌现。他构思"联合国未来哲学部"，将其处理危机的方式甚至将其生命哲学提升到了生命政治的现实高度。未来哲学的使命在于提升全球共商机制。从这个意义上来说，这本书既是孙周兴的"谈话录"，也是一本"共商之书"。至少我感觉，今天下午在此进行的，多少也是一个有关人类世哲学的共商机制的小小实验。

此书本身就包含一种开放的、指向未来的思想。但是，这个未来不是线性的，而是圆性的。未来早已经到来，未来还会不断地到来。在这个意义上，孙老师通过自己的方式提醒我们，哲学不仅是一项解释的、沉思的事业，哲学还是（如马克思所说）一项改变世界的、行动的事业。

我在翻阅此书的时候，却变得有些怀旧。想起1997年，孙老师刚到浙大工作，组织了首届现象学会议。当时我也负责具体的会务工作，并结识了陈嘉映、倪梁康、张志扬、陈家琪、萌萌等老师。那时的会议经费很有限，孙老师一边在会场里大谈悬搁、还原等现象学问题，一边暗暗提醒我们要注意节省会务开支。我看到的是一个充满行动力的学者，期待孙老师给我们带来更多思想的能量。

赵千帆（同济大学人文学院副教授）：我想先从两个跟哲学家与他们的时代相关的实例开始。1968年，在学生运动开始后的一次采访中，记者问德国哲学家阿多诺对这次运动的看法："阿多诺先生，几天之前世界看起来还是很正常的……"阿多诺马上打断他，说："在我看来并不是。"另一个例子是法国哲学家朗西埃的，这是一个在纽约的中国学者转述的。据说在"9·11"事件当天，朗西埃正在纽约的一家酒店里。当所有人都在看新闻或者到街上去的时候，他把自己关在房间里继续写作。

我想用这两个例子表明，哲学家对世界一直有自己的长期判断，不会因为一时偶然的变故而改变。他们不是在一般人的尺度上看待世界的变迁的——或许这时才会体现出他们区别于一般人的地方。他们之所以能够做到这一点，可能是因为他们向来就已经在思考着世界变革的可能性，就在自己思考的方向上推进它，而不是等事到临头再去反应。孙老师的这本书就表现出这种对超常尺度的预先把握。

反过来看，我们也可以想，一般人是在他们自己的尺度上感受世界的变革的，这种感受本身有时非常强烈，让大家有"见证历史"的真实感，但它也可能恰恰是长期因循的表现。也就是说，感受的强烈并不说明它真的就是对变革的呼应，而只是说明感受的阈值太低、太僵化。甚至有可能，这种感受倒是与变革不相匹配的。1968年运动开始后才知道青年人对社会变革的要求的人，或"9·11"事件发生之后才知道文明发生冲突的人，跟之前就已经在他们的哲学工作中提出这方面预设的人相比，二者的一个重要差别就是：前者始终生活在固定的尺度当中，而这个尺度很大程度上就是技术的尺度——在上面举的两个例子里，主要表现为媒介技术提供的社会感知界面；而后者则有能力提前就在另外一个尺度上感受世界的变化，因为他一直对整体的技术架构，或者说现实呈现的媒介界面，有敏锐的反思。

但哲学凭什么好像能占据一个特殊的位置而握有这"另一个尺

度"（且不说这个尺度是否可靠，这是另一回事），以一种预先的姿态反思这个世界呢？如果结合孙老师的这本书，我觉得可以这样来回答：因为哲学一直在反思自己看世界的视野，在今天，就是反思技术强加给世界的特定视野。而且这种反思会使得哲学警觉地调整自己的位置，以适应（如果技术抢先了一步的话）或者突破（如果技术不但抢先，而且把路封住了的话）这个被技术给定的视野。而这种调整、适应与突破，总是表现为哲学自身的危机。在这个意义上可以说，哲学总是在自身的危机中去体察世界的危机，而不是相反。

孙老师的这本书倚重的两个伟大的哲学家马克思和尼采就是这方面的典型。他们的哲学都是对哲学本身身处其中的危机的彰显，并且反过来，促进世界的危机以更系统和深刻的方式被人——读哲学的人——感受到。哲学不是应对危机，而是在自我反思中让危机的症状或根源以一种积极的方式暴露出来。这样做的一个代价就是，哲学的反思——这是它与社会学或者历史学不同的地方——总是表现为哲学的崩溃或至少是濒临崩溃。马克思最后不做哲学了，做"革命理论"。尼采还在说"未来哲学"，而受他影响的海德格尔谈到了"哲学的终结与思的开端"。到这个时候，哲学反思到它的反思位置也不可靠了。这时，它被迫走出自己固有的论域。在今天，这就表现为当代哲学越来越注重考察哲学本身的技术处境，意识到技术本身赋予我们的感知尺度——这个尺度在今日所构成的图景，在孙老师这本书的视角下被称为"人类世"。对这一技术性世界图景的体察是这本书所阐述的"人类世哲学"的出发点。

这不是说哲学要超越技术。相反，对技术及其所构造的世界图景的考察首先会促使哲学从业者去掌握适用于哲学工作的技术。比如，孙老师可能就是中国第一批用电脑进行哲学翻译与写作的人。这让我想起斯蒂格勒说的柏拉图对书写技术的卓越掌握。哲学在掌握技术的同时，介入了技术对这个世界的改变，介入了对这个世界的技术图景的反思与改造。这种考察、掌控和预先介入的操作方式，我称之为"规划"。这是我在翻译哈贝马斯的《现代性：一个未完成的规划》时受到的启发。规划是指导我们的哲学工作的最基本的技术手段。孙老师本人长年在翻译、思考与写作上获得的巨大成果，包括他在学院的学术管理方面、近年在艺术策展方面的杰出表现，就是这种规划能力的证明。规划当然不仅体现在我们要写各种各样的项目"规划"上。哲学的规划跟技术项目不一样。项目是预制好的，按照既定的程序做下去即可；而规划是未完成的，就如同城市规划，一边规划还要一边生活，一边生活还要一边改造。孙老师的这本书正是他长期的学术规划的成果，是在持续不断的适应、掌控与介入中拓展哲学论域的结果。一个对当今技术引发的世界尺度的巨大变革做出敏锐反馈的哲学家，正是这样表明了他向来都没有被这个尺度驯服，而是一直在把握他自身的尺度的同时，规划他所处时代的未完成的可能性。

孙周兴：今天的座谈会已经开太长了，请容许我最后讲几句吧。算不上是对各位的回应，主要是要表达对各位的感谢。我开始有点犹豫，自己胆子小，对自己的书也没什么信心。请来一帮人开个批斗会，也不知道人们会怎么骂我。骂狠了也不好啊，不是自找没趣吗？但是今天大家都嘴上留情，十分温柔。

大家知道，我长期以来做了许多尼采和海德格尔的翻译工作，虽然也写过几本书，但量不在多，而且也以引介和阐释为主。在这本《人类世的哲学》里，我第一次变得比较任性和放肆，试图给出了好些新的概念。比如我把"上帝死了"理解为自然人类精神表达体系的崩溃，比如"技术命运论"也是一个新概念，还有与"线性时间"相对的"圆性时间"，以及与"虚空空间"相对的"实性空间"，等等。这些差不多是我所谓的"未来哲学"的基本概念。有的已经有了比较清晰的界定，有的还没想得特别深入，总之还是比较放肆的。做哲学要严肃，但我以为时间长了也可以放松一下的。

确实，我最近几年里心态有许多变化，就像刚才扬振宇讲的那样。有一个原因可能是，最近几年里我较少做学术翻译，而是更多地去关注当代艺术了。人终归是要变的，不变就不对了。好比近些日子里，我经常喜欢提出一些口号式的句子，这里复述三句跟大家分享，也算我的结束语。

第一句：世界变了而你还没变。这大概是我写《人类世的哲学》这本书的原初动机。世界变了，你还没变，这就有问题了。世界已经变得零乱、矛盾、碎片化、多元化了。但是我们看到，许多人还没有走出传统的生活世界，还总是用传统的、单一的尺度和标准来衡量这个碎片化的世界，因此经常自己打脸。用单一尺度衡量今天这个世界里的人和事的时代已经过去了，因为世界变了；但许多人的心思却没变，依然用旧的经验来理解今天变化多端、碎片化的世界。这时候就难免崩溃。今天为什么精神病患者越来越多？原因就在于此。一句话，世界变了，但你还没变。

第二句：人的科学的时代到了。我没说"人文科学"，而是说"人的科学"。现如今最热闹的科学，人工智能和基因工程两大热门，都是关于人的科学，都是"人的科学"；此外还必须加上一门人文科学，应该叫"人文学"。今天的时代已经进入这三门科学（人工智能、基因工程、人文学）——实质上是两门科学即技术科学与人文学——的贴身肉搏当中。这是人类文明和人类知识体系的最后一场"肉搏"，是一场"决斗"。两门科学（技术）加上一门古老的人文学，它们之间必须开展一场"肉搏"。在这个意义上，我想说：人的科学的时代到了，我们必须参与其中。

第三句：无论这个世界好还是不好，我们都必须把它理解为好的。倪梁康教授说我成了"左派"，当然不是。帮帮忙，我怎么可能是"左派"？根本上我是一个中庸的人，在思想姿态上我一直愿意强调二重性，即海德格尔所说的 Zwiefalt：悲观与乐观，消极与积极，解构与建构，等等。我一直都愿意强调对"二重性"的理解。二重性不是二元对立，而是一种差异化的交织和紧张的运动。二元对立本质上是同一性思维，而二重性却是非同一性思维。我认为，这是海德格尔的哲思重点。也只有在这个意义上，我们才能理解尼采的"积极的虚无主义"。世界和生命终属虚无，但这恰恰是我们积极生活的理由。这就是我最近一个报告里的话：无论这个世界好还是不好，我们都必须把它理解为好的。

贺圣遂：开了这么长时间的会，大家现在还是精力充沛，我代表商务印书馆再次向各位表示感谢！我们的会议室条件简陋，但在这么长的时间里，大家都热烈地投入，对孙周兴先生的这部新著给予了足够的关注。我感到，今天大家给了我这样一个信息：孙周兴先生的这部新著是值得重视的，是足够有价值的。对于一个出版人来说，能够出一本被学者们肯定的图书，当然是特别荣幸的。

今天各位的发言肯定了孙周兴先生这本书的意义和价值，但也提出了一些可商榷的问题，我觉得是意思的。这本书发行以后，我有一个想法：它是可以给更多人阅读的，但需要做一些改进。比如，现在放在一套书里，装帧过于简单，可以重新包装一下，便于流传。我们愿意配合作者，吸纳各位专家提出的批评和建议，尽快出一个修订本。再次感谢各位的光临和指教！

编后记

由同济大学和ATLATL创新研发中心主办、同济大学人文学院和本有哲学院承办的第二届"未来哲学论坛"（Future Philosophy Forum）于2019年11月23—24日在同济大学四平路校区举行，本届论坛的主题设为"生命科学与生命哲学"。与第一届论坛（2018年11月23—24日，ATLATL创新研发中心）类似，我们这一次首先邀请了两位科学家做关于生命科学的专题报告，他们是：新加坡国立大学医学院傅新元教授，作题为《利他主义的生物学机制与哲学意义》的报告；同济大学生命科学与技术学院高绍荣教授，作题为《干细胞研究的前沿与未来》的报告。这两位科学家的报告由同济大学人文学院的孙周兴教授、王静教授担任主持人。

在论坛的主题报告部分，我们共邀请了四位人文学者，他们是：美国南加州建筑学院格雷汉姆·哈曼教授（Prof. Graham Harman），报告题为《从一种存在论立场审视生物学与生命书写》；法国波尔多蒙田大学芭芭拉·斯蒂格勒教授（Prof. Barbara Stiegler）——法国哲学家贝尔纳·斯蒂格勒（Bernard Stiegler）之女——作题为《尼采与人类消纳形式之未来——电信时代的生命和生命体》的报告；华东师范大学政治学系吴冠军教授，其报告题目为《关于生命的技术哲学思考》；同济大学人文学院孙周兴教授，作题为《新生命哲学与生活世界经验》的报告。同济大学人文学院的余明锋博士、陆兴华教授、张振华副教授、赵千帆副教授依次担任上列四个主题报告的主持人和点评人。

在论坛开幕式上举行了"同济大学技术与未来研究院"揭牌仪式。揭牌仪式由同济大学人文学院党委书记李建昌先生主持，同济大学党委副书记吴广明教授，同济大学校董、ATLATL创新研发中心创始人唐春山先生，同济大学人文学院院长刘日明教授和同济大学人文学院教授孙周兴依次致辞。

所有这些人物和活动，都值得记录在此。尤其是因为，这第二届"未来哲学论坛"是本人在同济大学组织的最后一次学术活动了。稍后不久，新冠疫情暴发，而我在疫情期间即着手找房、搬家，于2020年夏天移居杭州余杭山间，同时调动工作至我的母校浙江大学（这是我第四次进浙大了）。虽然直到此刻也还未完全成功，但心里早已经完成了这种转移。

同济大学技术与未来研究院是我设想和规划的一个研究机构，当时尚未想到离开同济大学这个我工作了19年之久的学校。在这19年间（2002—2021年），这座大学的人文学科和人文学院从无到有，形成了目前颇具特色的系科格局，即哲学、中文、艺术、心理四大学科（国内所谓的一级学科）以及从本科至博士的培养体系。对于这个比较奇特的人文学院（国内一般的人文学院由文、史、哲三大学科构成），我倾注了大量的心血，其间也得到了同济大学校方特别是几位老领导的全力支持，以及学界同人和学院全体教师的认同和帮助。这些不是客套话，而是我内心真实的感受。

编后记

而之所以要创建"技术与未来研究院",主要的动因跟我最近几年的思考有关。我多年来从事尼采、海德格尔的翻译和研究,前些年开始关注当代艺术,边学边写,也发表和出版了一些艺术哲学方面的著译;由当代艺术自然而然地转向技术与未来之思,我把这种思考叫作"未来哲学",它成了我最近几年演讲和讨论的主题,并于2018年11月与友人唐春山先生合作举办了首届"未来哲学论坛"。我在这方面的思考的初步成果,在疫情期间得以整理成书,就是2020年夏季出版的《人类世的哲学》一书。

我不断重复的一个说法是:人文科学(现在我喜欢说"艺术人文学")向来固守历史性之维,在技术统治的现时代变得越来越被动和无力,无力于面对现实,更无力于关怀未来。人说:人文科学被边缘化了。但在这方面,难道就没有人文学者自己的责任吗?当人文学者常常沉迷于虚构——请注意,是虚构——过去的美好时代时,他们摆弄的学问对于当今生活到底有何意义?难道更多的不是添堵和添乱吗?基于这样的思考,我才启动了关于"技术与未来"的讨论,也才有了成立一个"技术与未来研究院"的动议。

但愿在我调离同济后,我的同事们还能把这个研究机构办好!

本辑除了格雷汉姆·哈曼、芭芭拉·斯蒂格勒、吴冠军、孙周兴等中外学者的四篇论坛报告之外,还收录了两篇关于"人类世戏剧"的专题论文(译文),此外在"学术座谈"栏目刊发了"何为哲学的转向?——《人类世的哲学》出版座谈会纪要"。这个座谈会是由商务印书馆上海分馆、同济大学人文学院、浙江大学哲学系(现哲学学院)联合主办的,2020年11月23日下午在商务印书馆上海分馆举行。眼下的座谈会纪要,是根据现场速记稿整理、经各位与会专家审订而成的文本。这个会议纪要的一部分以专栏形式——以《人类世与未来哲学》为题——刊于《哲学动态》2022年第1期，除本人的发言外，收录了吴晓明、庞学铨、王俊、郁振华、成素梅和刘日明等六位教授的文章。

感谢参加第二届"未来哲学论坛"的六位学者，顺便也要感谢参加拙著《人类世的哲学》出版座谈会的二十几位来自上海、北京、杭州、重庆等地的学界朋友，他们对拙著的评论和建议让我受益匪浅。同济大学余明锋博士为本届论坛的组织和《未来哲学》第二辑的编辑花了不少精力，特别是收集和翻译了两篇"人类世戏剧"译文。我感谢他的辛劳。

孙周兴

2021年7月15日记于余杭香格里拉

2022年3月15日补记

未来哲学丛书出版书目

《未来哲学序曲——尼采与后形而上学》（修订本）　　孙周兴 著
《时间、存在与精神：在海德格尔与黑格尔之间敞开未来》　　柯小刚 著
《人类世的哲学》　　孙周兴 著
《尼采与启蒙——在中国与在德国》　　孙周兴、赵千帆 主编
《技术替补与广义器官——斯蒂格勒哲学研究》　　陈明宽 著
《陷入奇点——人类世政治哲学研究》　　吴冠军 著
《为什么世界不存在》　　〔德〕马库斯·加布里尔 著
　　　　　　　　　　　　王熙、张振华 译
《海德格尔导论》（修订版）　　〔德〕彼得·特拉夫尼 著
　　　　　　　　　　　　张振华、杨小刚 译
《存在与超越——海德格尔与汉语哲学》　　孙周兴 著
《语言存在论——海德格尔后期思想研究》　　孙周兴 著
《海德格尔的最后之神——基于现象学的未来神学思想》　　张静宜 著
《溯源与释义——海德格尔、胡塞尔、尼采》　　梁家荣 著
《世界现象学》（修订版）　　〔德〕克劳斯·黑尔德 著
　　　　　　　　　　　　孙周兴 编　倪梁康 等译
《未来哲学》（第一辑）　　孙周兴 主编
《未来哲学》（第二辑）　　孙周兴 主编

图书在版编目（CIP）数据

未来哲学. 第2辑 / 孙周兴主编. — 北京：商务印书馆，2023
（未来哲学丛书）
ISBN 978 − 7 − 100 − 22743 − 8

Ⅰ.①未⋯　Ⅱ.①孙⋯　Ⅲ.①未来学 — 哲学 — 文集　Ⅳ.①G303-05

中国版本图书馆 CIP 数据核字（2023）第137620号

权利保留，侵权必究。

未 来 哲 学
第二辑
孙周兴　主编

商 务 印 书 馆 出 版
（北京王府井大街36号　邮政编码 100710）
商 务 印 书 馆 发 行
山东韵杰文化科技有限公司印刷
ISBN 978 − 7 − 100 − 22743 − 8

2023年10月第1版　　　开本 640×960　1/16
2023年10月第1次印刷　印张 15¼
定价：90.00元